职业教育畜牧业类专业教材

U0812296

家禽生产技术

苑 彪 主编

中国轻工业出版社

图书在版编目（CIP）数据

家禽生产技术 / 苑彪主编. -- 北京：中国轻工业出版社，2024. 10. -- ISBN 978-7-5184-4678-0

Ⅰ. S83

中国国家版本馆CIP数据核字第20240FY660号

责任编辑：张　靓　　责任终审：李建华　　设计制作：锋尚设计
文字编辑：王　婕　　责任校对：吴大朋　　责任监印：张京华

出版发行：中国轻工业出版社（北京鲁谷东街5号，邮编：100040）
印　　刷：艺堂印刷（天津）有限公司
经　　销：各地新华书店
版　　次：2024年10月第1版第1次印刷
开　　本：787 × 1092　1/16　印张：13
字　　数：299千字
书　　号：ISBN　978-7-5184-4678-0　定价：68.00元
邮购电话：010-85119873
发行电话：010-85119832　010-85119912
网　　址：http://www.chlip.com.cn
Email：club@chlip.com.cn

231807J3X101ZBW

本书编写人员

主　编　苑　彪（龙江县职业教育中心学校）

副主编　李明岩（龙江县职业教育中心学校）

蔡长霞（黑龙江农业工程职业学院）

参　编　刘效法（龙江县职业教育中心学校）

高文华（龙江县秋美牧业有限责任公司）

宋景涛（黑龙江金源牧业有限公司）

王积海（哈尔滨益农禽业有限公司）

关忠仁（龙江县绿色食品发展中心）

主　审　杨艳茹（龙江县职业教育中心学校）

冯金成（龙江县职业教育中心学校）

本书配套数字资源的获取与使用

本教材配套数字资源已上线超星学习通数字教材，师生可通过学习通获取本书配套的PPT课件、微课视频、在线测验等。

下载学习通，注册并登录

首页→应用中心→数字教材→搜索教材名称

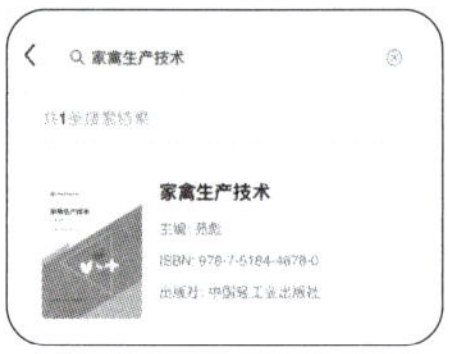

教师端

教师建课→学生扫码进班→开展混合式教学

学生端

学生学习→选择自学或加入班级

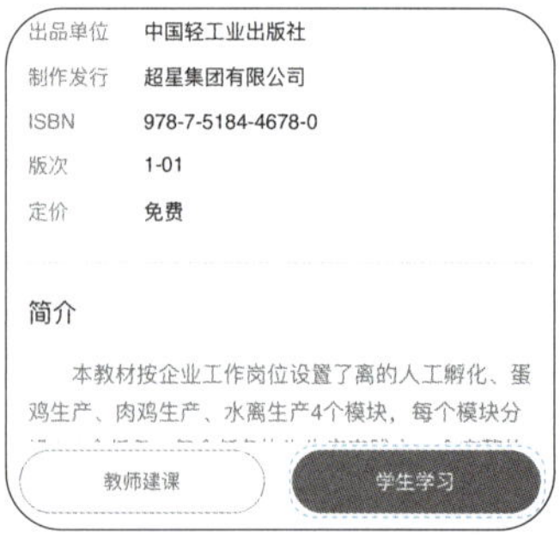

前言

本教材以培养家禽业生产一线工作需要的高素质劳动者或中、初级专业人才为目标，以立德树人为根本任务，遵循中职学生知、情、意、行等方面特点及学习风格，以家禽生产真实的工作任务为背景，以职业能力培养为重点，由龙江县职业教育中心学校与多家企业合作，通过走访、合作与分析，明确了学习模块和各类学习任务，明确了每项学习任务要求学生具备的专业技能、专业知识和职业素质及学业评价内容与标准，旨在缩小学校学习内容与企业生产实践之间的差距，从而提高学生的岗位职业能力。

本教材系校企双元合作开发的职业教育适用教材。其特点是在调研企业岗位工作流程和典型工作任务的基础上以培养职业能力为核心，以岗位工作分析和学习条件为依据，以工作任务为导向，以校企合作为前提，构建“5W”模块化教材。即：What（什么），通过任务描述明确是什么学习任务，每项学习任务的实施环节是什么；Who（谁），所实施的任务由谁来完成，是小组完成，还是个人独立完成；Where（在哪里），在企业生产车间或学校仿真实训室或乡村振兴服务的对象以及资源链接平台；When（何时），课前准备、任务实施、规避风险、问题探究及考核过程时间的设计与安排；Why（为什么），使学习者达到所设定的知识目标、能力目标和素质目标。同时，采取“‘线上融入、教材应用’两平台、‘课前准备、任务实施、课后拓展’三段式”思政融入方式，在学习过程中植入社会主义核心价值观、中华优秀传统文化、职业道德、工匠精神、劳动精神及“三农”情怀等，旨在培养合格的社会主义建设者和接班人。

本教材按企业工作岗位设置了禽的人工孵化、蛋鸡生产、肉鸡生产和水禽生产4个模块，每个模块分设2～6个任务。其中，模块一禽的人工孵化中的任务一和任务二，由苑彪编写，任务三由蔡长霞编写，任务四由高文华编写；模块二蛋鸡生产中的任务一和任务二由李明岩编写，任务三由王积海编写，任务四和任务五由刘效法编写，任务六由宋景涛编写；模块三肉鸡生产由关忠仁编写，模块四水禽生产由李明岩编写。

《家禽生产技术》校企双元合作开发教材适用于中等职业学校畜牧业类专业，可作为技师学院、技工学校畜牧业类专业数字化教材和家禽养殖业企业培训教材，还可作为乡村振兴战略指导参考书。

由于作者水平有限，书中难免存在一些不足，敬请读者批评指正。

目 录

模块一　禽的人工孵化

任务一　孵化设备的选用

学习目标

知识目标

1. 了解孵化机的种类及其适用范围。
2. 掌握孵化机的基本结构。
3. 熟悉孵化辅助设备及其用途。

技能目标

1. 能根据订雏数量，确定孵化机种类的选用和数量的计算。
2. 能进行孵化设备的调试。
3. 能对孵化辅助设备进行操作。

素养目标

1. 通过对孵化机结构的认识，了解各部件精准的尺寸及孵化条件（卫生标准）的精准设置，认识到智能孵化机各部件科学衔接与组合是我国劳动人民千百年来智慧和汗水的结晶，是工匠精神的传承和发扬。
2. 通过所需孵化机和出雏机数量的计算，培养认真、负责、积极的职业态度。
3. 通过孵化设备的调试，培养团队合作精神。

任务描述

哈尔滨市某禽业有限公司，拥有10台容卵量为19200枚的孵化机、6台容卵量为45360枚的巷道式孵化机和9台容卵量为19200枚的出雏器。3月15日接到10万只肉用仔鸡雏的订单，需按照订单任务选择所需孵化机、出雏机及孵化辅助设备。我们将按照图1-1和图1-2所示的内容完成学习任务。

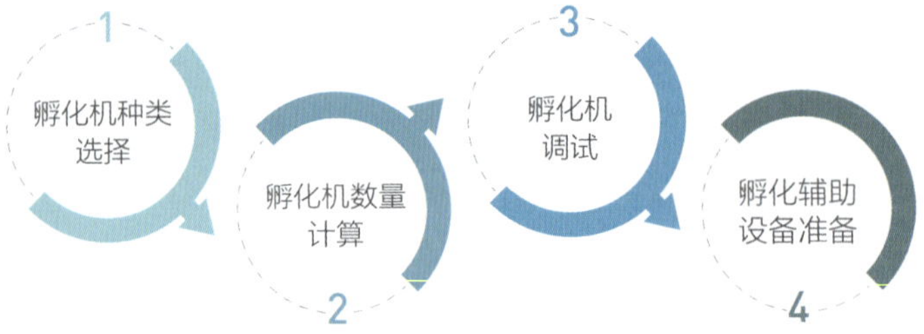

图1-1 “孵化设备的选用”实施环节

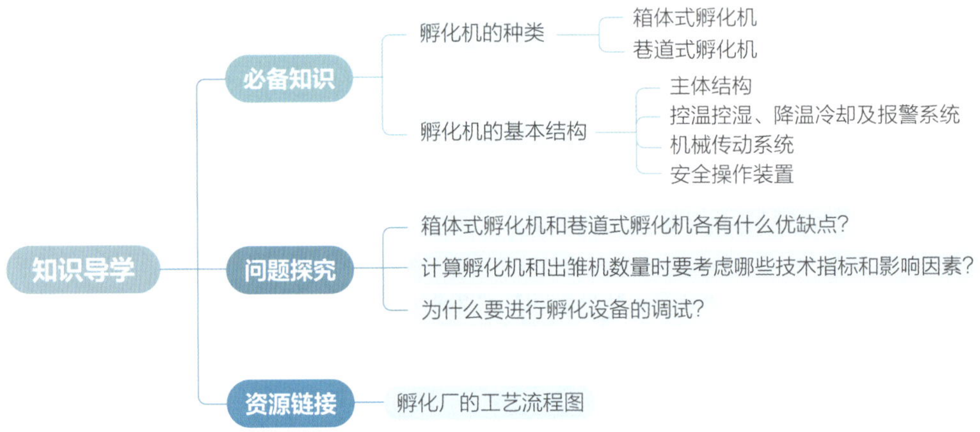

图1-2 “孵化设备的选用”知识思维导图

课前准备

一、学习资源准备

通过网络获取NY/T 4255—2022《规模化孵化场设施装备配置技术规范》。

二、完成预习任务

1. 阅读学习相关资源，了解孵化的起源。
2. 查阅世界上最先进的孵化技术或科研新进展。

三、完成课前讨论

1. 完成《学情分析表》(附录一)。
2. 在线提出预习中存在的问题，并进行相关讨论。

知识链接

一、必备知识

（一）孵化机的种类

孵化机分为平面孵化机和立体孵化机。目前，企业生产很少使用平面孵化机。立体孵化机包括箱体式孵化机和巷道式孵化机。箱体式孵化机有孵化出雏两用机，也有专门的孵化机。巷道式孵化机主要用于孵化，配有专用出雏机。配比时考虑其利用效率，往往孵化机（容卵量）:出雏机（容孵量）=3:1时最为经济。

1. 箱体式孵化机

（1）小型孵化机　容卵量在150～5300枚，适用于珍禽和水禽的孵化，也用于科研与教学之需。常见小型箱体式孵化机不同容卵量见表1-1。

表1-1　常见小型箱体式孵化机不同容卵量

外形尺寸（长×宽×高）/cm	容卵量（分批孵化量）/枚				电热功率/W
	山鸡、鸽子、乌鸡	鸡、野鸭、土鸡	鸭、鸳鸯、火鸡	鹌鹑、鸟蛋	
120×70×90	528（176）	450（150）	378（126）	1326（442）	320
120×70×123	1056（176）	900（150）	756（126）	2652（442）	380
120×70×145	1408（352）	1200（300）	1008（252）	3536（884）	420
120×70×167	1760（352）	1500（300）	1260（252）	4420（884）	460
120×70×189	2112（528）	1800（450）	1512（378）	5300（1326）	500

（2）中型孵化机　容卵量在5300～9600枚，适用于订购鸡雏散户的小厂或专门生产珍禽的孵化厂。

（3）大型孵化机　容卵量在9600～22500枚，适用于中型和大型孵化厂，可用于鸡、鸭、鹅的孵化。常见大中型箱体式孵化机不同容卵量见表1-2。

表1-2　常见大中型箱体式孵化机不同容卵量

型号	外形尺寸（长×宽×高）/cm	鸡种蛋容卵量/枚	电热功率/W
中型	2010×800×2000	5300	900
中型	2580×880×2100	6300	1200
中型	3370×2420×2630	9600	5800
大型	3000×1820×2200	16800	2500

续表

型号	外形尺寸（长×宽×高）/cm	鸡种蛋容卵量/枚	电热功率/W
大型	4000×1800×2200	19200	3000
大型	3800×2020×2600	22500	3200
大型	5100×2770×2420	23040（鸭蛋）	6300

2. 巷道式孵化机

巷道式孵化机的规格是按孵化场的孵化量而设计的，其价格是以孵化机规格作为重要参考的，容卵量为34000~115200枚，巷道式孵化机需配有独立的出雏机。常见巷道式孵化机不同容卵量见表1-3。

表1-3 常见巷道式孵化机不同容卵量

型号	外形尺寸（长×宽×高）/cm	鸡种蛋容卵量/枚	电热功率/W
中型	6280×2820×2670	34560（鸭蛋）	13500
中型	4100×3916×2524	45360	9900
大型	8184×3047×2524	90720	9700
大型	8200×5900×3000	115200	2500

（二）孵化机的基本结构

1. 主体结构

主体结构由箱体、蛋架车、种蛋盘和活动转蛋架等组成。

（1）箱体　由框架、内外板和中间夹层组成。

（2）蛋架车　为全金属结构，蛋盘架固定在四根吊杆上可以活动。常用的蛋架车层数为12~16层，每层间距120mm。

（3）种蛋盘　分孵化盘1~19日龄鸡胚和出雏盘（19~21日龄鸡胚）两种：孵化盘分栅式和孔式（圆孔或方孔）；出雏盘多为塑料制品，重量轻且便于冲洗消毒。

（4）活动转蛋架　按蛋架形式分为八角架式和跷板式两种。其中，八角架式活动转蛋架除上、下各两层孵化盘较小外，其他规格一样，可以通用。它用4片角铁焊成八角形框架，其上除中轴外，等距离焊上2cm×2cm角铁成为孵化盘滑道（蛋盘托），并用角铁和螺钉连接成两个距离相等的间隙，再固定在中轴上，由两侧用角铁制成的支架将整个活动转蛋架悬空在孵化机内。其特点是整体性能好，稳固牢靠。要求蛋盘托间隙尺寸一致，以防掉盘或卡盘。

跷板式活动转蛋架由很多层跷板式蛋盘托和出雏盘组成，靠连接杆连接，转蛋时以蛋盘托中心为支点，分别左右或前后倾斜45°。

2. 控温控湿、降温冷却及报警系统

（1）控温系统　由电热管（如远红外加热棒）和调节器等组成。温度调节器有棒式双金属片、乙醚胀缩饼、水银导电温度计和热敏电阻等。

（2）控湿系统　现多采用叶片轮式自动供湿装置，由叶片轮、水槽、供湿电机和水银导电温度计（湿敏电阻）等组成。当孵化湿度不足时，供湿电路接通，使供湿电机带动叶片轮转动，以增加水分蒸发面积来提高孵化机里的相对湿度。目前较先进的孵化机有超声雾化装置供湿。

（3）降温冷却系统　当孵化机里的温度超过高温报警所设定的温度时，孵化机自动切断电热电源，停止供热，超温报警，并同时控制“冷排”（安装在风扇旁边的弯曲铜质水管）的电磁阀打开供给冷水，以降低机温。有的孵化机还设有应急排风口，超温时该口自动打开，加大排风量，以加速降温。

（4）报警系统　目前有超温、低温、低湿和电机缺相或停转、过载等报警系统，均可通过灯光及声响同时示警。目前多数孵化机还增设干电池超温报警系统，以备停电时原电控的超温报警不能工作之用。

3. 机械传动系统

（1）转蛋系统　由转蛋电机、蜗轮杆（或丝杆式）、微动开关、定时器和计数器等组成。可保证120min转蛋一次，转蛋角度为±45°，并能显示转蛋次数。

（2）匀温风扇　电机带动风扇转动，以均匀孵化机内的温度。转速为200～240r/min。

（3）通风换气系统　由进、出气孔和风扇等组成。进风口多采用顶进气和前进气（极少数采用侧进气或后进气），出气孔均设在孵化机顶部。

4. 安全操作装置

除上述超温、低温、低湿报警系统以及风机过载、停转、电机缺相报警系统等安全保护外，有些孵化机还设有开孵化机门时电机风扇停转，关门电机转动，以保护操作者的安全。同时，孵化机有照明设备，而且开门亮灯、关门灭灯，以利操作者工作。

二、问题探究

1. 箱体式孵化机和巷道式孵化机各有什么优缺点？
2. 计算孵化机和出雏机数量时要考虑哪些技术指标和影响因素？
3. 为什么要进行孵化设备的调试？

三、资源链接

孵化厂的工艺流程图

任务实施

规避风险提示

在机器调试时注意用电安全。

一、孵化机种类选择

图例	孵化机种类	选择依据
	小型箱体式孵化机	若每月订雏数量平均在2000只以内，适合选择小型箱体式孵化机
	中型箱体式孵化机	若每月订雏总量在2000～5000只时，适合选择中型箱体式孵化机
	大型箱体式孵化机	若每月订雏数量在10000～20000只时，适合选择大型箱体式孵化机
	巷道式孵化机	若每月订雏总数在30000只以上，最好选择巷道式孵化机，或者大型箱体式孵化机多台

图例	孵化机种类	选择依据
	孵化出雏育雏三用机	既能孵化，也能出雏，又能育雏，但容孵量较少，若孵化种蛋量在1000左右，可选择小型孵化出雏育雏三用机
	孵化出雏一体机	若孵化种蛋量在10000左右，可选择孵化出雏一体机
	专用出雏机	若孵化种蛋量在20000左右，可选择专用出雏机

二、孵化机数量的计算

计算孵化机的数量要考虑客户订雏的经济用途，若订购的是商品蛋鸡雏，则计算入孵种蛋数量要增加2倍；若订购的是肉用仔鸡雏，则按入卵孵化率计算入孵种蛋数即可。

按生产情境描述，确定选用容卵量为45360枚的巷道式孵化机和容卵量为19200枚的出雏机，且孵化机与出雏机最经济的比例为1:1。按近一年6个批次的种蛋平均受精率为97%、受精卵平均孵化率为95%计算，健雏率为98%。满足同一批次出雏量达100000只肉用仔鸡雏的订单，则需要选用容卵量45360枚的巷道式孵化机和容卵量为19200枚出雏机各多少台？

$$\text{入孵种蛋数量（枚）}=100000\div97\%\div95\%\div98\%=110733.3\approx110734$$

$$\text{巷道式孵化机数量（台）}=110734\div45360=2.44\approx3$$

计算结果表明，同一批次出雏量为100000只肉用仔鸡雏的订单，则需要选用容卵量为45360枚的巷道式孵化机3台和容卵量为19200枚的出雏机3台。

三、孵化机调试

1. 孵化温度调试

孵化机试温时需准备15支温度计，经温度校正后分别放在孵化机的孵化车的上、中、下三层的四角和中央，然后将孵化机电脑显示屏设计成正常孵化温度，经试机运转24h左右，观察温差。当温差大于±0.2℃时，需进行调整。调整时，首选方法是按温差移动加热器的位置，其次是重新密封孵化机四壁衔接处或门胶条。

2. 检查蛋盘

看蛋盘框是否牢固，做到逐个检查。

3. 机体检查

反复开门后，看是否严密，机体四壁、上顶、底板是否变形，发现故障及时补修。

4. 校正检修机器

在孵化前1周，要系统检查安装是否妥当、牢固，各电器系统是否接好、灵敏、准确。检测温差，若大于0.5℃，重新密封机身。

5. 试机过程中的检查

试机过程中要对供温、供湿、警铃、风扇等系统以及电机的转动进行详细检查，试机运转1～2天后方可正式入孵。

四、孵化辅助设备准备

配图	孵化辅助设备	作用与原理
	照蛋器	是在孵化过程中检查孵蛋胚胎发育情况的工具，由电源变压器和照蛋灯组成。电源变压器将220V的交流电转换成低电压。照蛋灯有聚光罩，可将光线集中照射到孵化的胚蛋壳上，使工作人员能清楚地看出蛋内胚胎发育情况

配图	孵化辅助设备	作用与原理
	雏禽盒	用于雏禽出雏，运输用盒，用瓦楞纸板打孔，做成梯形，分4格，每格可放雏鸡约25只，鸭鹅雏约20只。故每盒装鸡雏约100只，鸭鹅雏约80只
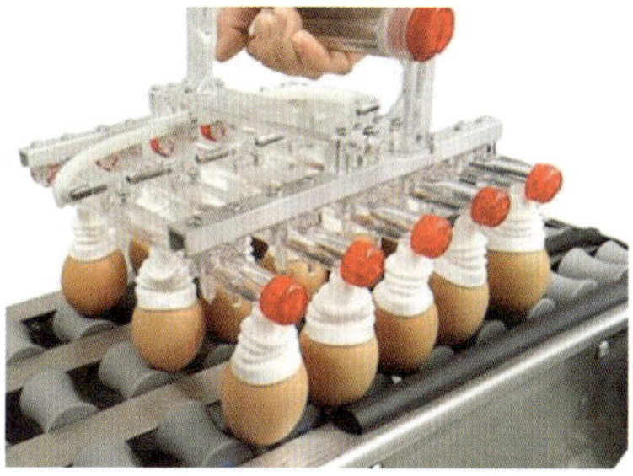	真空吸蛋器	由手提式真空吸蛋器、真空泵和开关等组成。操作人员用手提式真空吸蛋器将种蛋从蛋托中吸起，然后码入孵化盘中，可降低劳动强度，提高工作效率，减少破蛋
	雌雄鉴别台	用于鉴别雏鸡雌雄。台上设有锥形灯具、排粪罐、雏禽盒等，配有椅子、防尘口罩等
	喷射式清洗机	用于清洗孵化室的地面、墙壁、门窗及孵化设备。它可以转换出3种不同压力的水柱：“软雾”可以冲洗入孵机和出雏器内部；“中雾”用于冲洗孵化机外壳、出雏盘和孵化盘；“硬雾”用于冲洗地面、墙壁、出雏盘、蛋盘车等

学业评价

“孵化设备的选用”学业考核评价表

专业班级：__________ 姓名：__________ 考核时间：__________

评价方式	考核内容		评分标准	配分	得分	备注
自我评价（15%）	必备知识	孵化机的种类	掌握箱体式孵化机的种类，计2分；熟悉巷道式孵化机的优点，计2分	4		通过平台在线进行自我评价
		孵化机的基本构造	掌握孵化机的主体结构，计2分；掌握控温控湿、降温冷却及报警系统原理，计3分；掌握机械传动系统组成，计2分；掌握安全操作装置的配置，计2分	9		
		出雏机结构	掌握出雏机的结构特点，计2分	2		
教师学业评价（50%）	任务实施	孵化机种类选择	按生产情境需要，正确选择孵化机种类，计5分；能说明所选孵化机理由，计5分	10		按任务达成程度进行评价
		孵化机数量计算	能计算生产情境描述的订单所需入孵种蛋数量，计10分；能计算所选用孵化机的数量，计5分；能计算出雏机的数量，计5分	20		
		孵化机调试	会调试孵化机的温度，计5分；会调试检测其他自动化配置或报警装置，计5分	10		
		孵化辅助设备准备	能认识孵化辅助设备，计5分；能随机说出1种辅助设备的作用或原理，计5分	10		
学生互评（35%）	学习过程考核	课前	参加学习资源准备，计5分；完成预习任务，计5分；参与课前讨论，计5分	15		组内互评
		课中	严格遵守课堂纪律，计2分；有秩序地实施任务，并按时完成，计3分；积极参加问题探究，计2分；善于发现并解决任务实施过程中的问题，计3分；与小组成员通力合作，有效沟通，计2分；在线抢答问题且答案正确，计3分	15		组间互评
		课后	能按要求清洁整理所用设备，计3分；及时进行工作室的卫生清扫，计2分	5		组内互评
总计				100		—

注：90分及以上为优秀等级；75～89分为良好等级；60～74分为合格等级；60分以下为不合格。

课后拓展

- 完成箱体式孵化机主体结构的绘制，并通过学银在线传至网络平台。

自测练习

1. 孵化机按用途可分为________和________两种。
2. 箱体式孵化机最大的优点是________。
3. 卷道式孵化机的主要优点是________、________、________。
4. 若每月订雏总数在30000只以上时，最好选择________式孵化机。

任务二　种蛋的选择与消毒

学习目标

知识目标

1. 了解种蛋选择的原则。
2. 掌握种蛋选择的方法。
3. 熟悉种蛋保存的条件。
4. 掌握种蛋消毒方法和要求。

技能目标

1. 能通过外观对种蛋进行选择。
2. 能采用透视对种蛋进行选择。
3. 能对种蛋消毒药品的用量进行计算。

素养目标

1. 通过种蛋的选择过程操作，体会以场为家的责任意识。
2. 通过了解福尔马林和高锰酸钾熏蒸消毒种蛋的特点，提升安全环保意识。

任务描述

某孵化厂接到5万只海兰褐商品蛋鸡雏的订单后，召开任务分析会议，确定保质保量完成订单任务的总体方案。同时，要求采购员选购种蛋时一定注重种蛋的品质，孵化员按操作规程要求做好种蛋二次选择与消毒工作。我们将按照如图1-3和图1-4所示的内容完成学习任务。

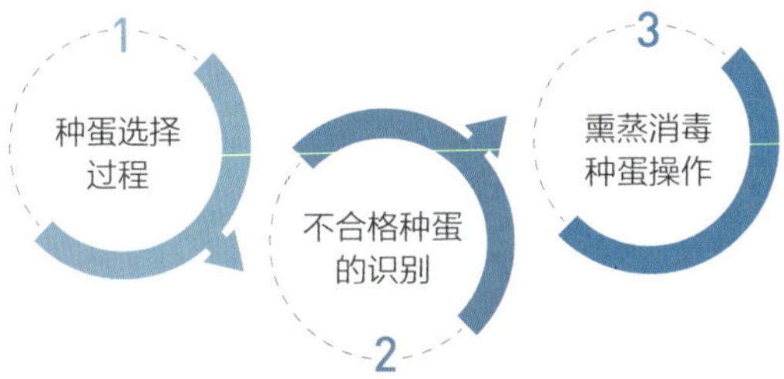

图1-3 “种蛋的选择与消毒”实施环节

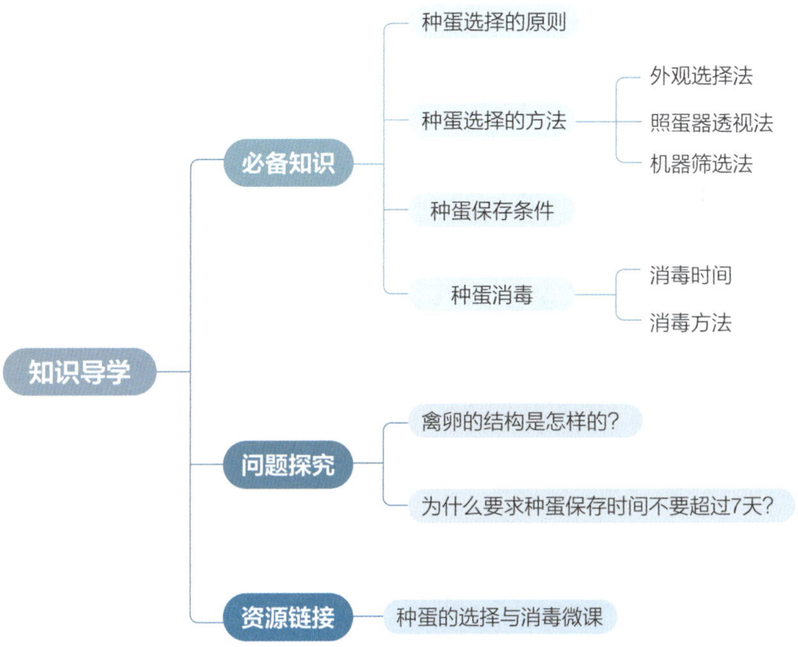

图1-4　“种蛋的选择与消毒”知识思维导图

课前准备

一、学习资源准备

通过网络获取NY/T 1620—2016《种鸡场动物卫生规范》。

二、完成预习任务

1. 阅读学习相关资源，了解鸡的种蛋分为哪几个代次。
2. 了解种蛋消毒的意义。

三、完成课前讨论

1. 完成《学情分析表》(附录一)。
2. 在线提出预习中存在的问题，并进行相关讨论。

知识链接

一、必备知识

（一）种蛋选择的原则

（1）种蛋应来源于健康的种禽群。

（2）种蛋应来源于高产的种禽群。

（3）种蛋应来源于免疫投药科学的种禽群。

（4）种蛋应来源于保存期短的种禽场。

（二）种蛋选择的方法

1. 外观选择法

在种蛋码盘时，依据经验对种蛋新鲜度、清洁度、蛋重、蛋形及蛋壳质地进行外观选择。

2. 照蛋器透视法

用照蛋灯或专门照蛋器，在灯光下观察蛋壳、气室、蛋黄、血斑、肉斑等内容物，还能清晰地观察蛋壳是否有裂纹、砂皮或壳薄等情况。

3. 机器筛选法

种蛋通过机械手吸盘，人工放到筛选机流水线上，通过设置尺寸来完成种蛋大小的选择。

（三）种蛋保存条件

种蛋产出至入孵要有一定时间，因此种蛋需要保存几天才能入孵。种蛋在母禽的输卵管内，已经完成早期胚胎发育，当外界温度达到23.9℃时，胚胎就会发育，因此，保存种蛋对温度要求极为严格，湿度和通风换气条件也要达到相应标准。种蛋的保存条件对照见表1-4。

表1-4　种蛋的保存条件对照表

<table>
<tr><th rowspan="3">项目</th><th colspan="7">贮存时间</th></tr>
<tr><th rowspan="2">1~3天</th><th rowspan="2">1周内</th><th colspan="2">2周内</th><th colspan="3">3周内</th></tr>
<tr><th>第一周</th><th>第二周</th><th>第一周</th><th>第二周</th><th>第三周</th></tr>
<tr><td>温度/℃</td><td>15~18</td><td>13~15</td><td>13</td><td>10</td><td>13</td><td>10</td><td>7.5</td></tr>
<tr><td>相对湿度/%</td><td colspan="2">65~75</td><td colspan="5">75</td></tr>
<tr><td>蛋的位置</td><td colspan="2">钝端向上</td><td colspan="5">锐端向上</td></tr>
<tr><td>卫生</td><td colspan="7">清洁、防鼠、防蝇</td></tr>
</table>

（四）种蛋消毒

1. 消毒时间

种蛋产出后在蛋壳表面容易感染各种微生物，放置时间越长，杀灭蛋壳表面的病原菌的难度越大。因此，鸡舍拣出种蛋后应及时消毒，消毒完毕立即送到储蛋库中保存。

2. 消毒方法

主要采取熏蒸消毒法，即用福尔马林（含35%～40%的甲醛）和高锰酸钾熏蒸消毒。此法生产中普遍应用。通过熏蒸可以杀灭蛋壳上95%～98.5%的病原菌。此外还有氯消毒法、新洁尔灭消毒法，国外进口的喷雾式种蛋消毒剂也有应用。

熏蒸消毒法操作时的注意事项有以下几点。

（1）种蛋在孵化器里熏蒸消毒时，应避开24～96h胚龄的胚蛋。因为上述药物对24～96h胚龄的胚胎有不利影响。

（2）福尔马林与高锰酸钾的化学反应剧烈，又具有很大腐蚀性，要求药剂与种蛋保持安全距离，消毒人员边操作边向门口迅速撤离。

（3）种蛋从蛋库移出时，若蛋表面有水珠不宜立即消毒，应该自然升温6h后再消毒。

（4）消毒要求密闭环境，保证消毒气体与种蛋充分接触。

（5）操作时若是先放高锰酸钾后倒入福尔马林（用广口瓶装），需要向容器中加等量的水。也可以先将福尔马林置于容器中，后慢慢放入用纸托着的高锰酸钾晶体，在两种消毒剂尚未接触时人员迅速撤离。

（6）熏蒸器具最好用瓷盆，不要用塑料制品，因反应产热易使塑料中的有害物质挥发。

（7）消毒完毕立即将盛装消毒药的器具移开，防止污染环境或因升温再次产生烟雾而影响胚胎发育。

二、问题探究

1. 禽卵的结构是怎样的?
2. 为什么要求种蛋保存时间不要超过7天?

三、资源链接

种蛋的选择与
消毒微课

任务实施

规避风险提示

种蛋消毒时注意安全操作。

一、种蛋选择过程

选择方法	配图	选择内容	选择标准
外观选择法		新鲜度	蛋壳有光泽，蛋黄居中
		清洁度	蛋壳表面清洁干净
		蛋重	蛋用鸡种蛋重为50～65g，肉用鸡种蛋重为52～68g，鸭蛋为80～100g，鹅蛋为160～200g
	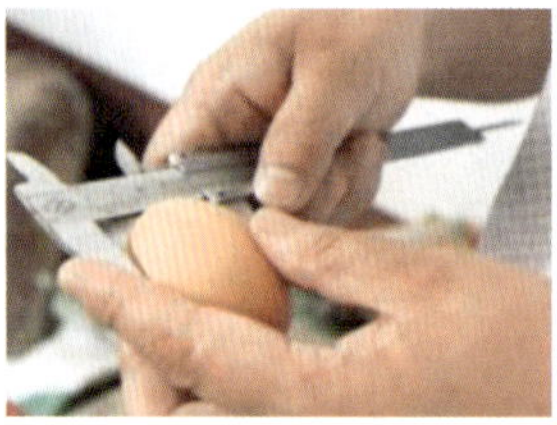	蛋形	蛋形指数要求鸡蛋为1.33～1.35，鸭蛋为1.36～1.38，鹅蛋为1.4～1.5
		蛋壳质地	壳厚要求鸡蛋为0.33～0.35mm，鸭蛋为0.35～0.40mm，鹅蛋为0.45～0.62mm
透视选择法		透视蛋壳、气室及蛋黄位置	室内遮黑，用专门照蛋器观察蛋壳、气室、蛋黄、血斑、肉斑等内容物及裂纹、砂皮、壳薄等情况

选择方法	配图	选择内容	选择标准
机器筛选法		种蛋通过机械手吸盘，人工放到筛选机流水线上	剔除过大或过小的蛋

二、不合格种蛋的识别

选择方法	配图	选择内容	不合格种蛋特征
		新鲜度	气室过大，有的蛋黄位置偏向一侧
		清洁度	蛋壳表面脏污
外观选择法		蛋重	蛋用鸡种蛋重<50g或>65g，肉用鸡种蛋重<52g或>68g，鸭蛋为<80g或>100g，鹅蛋为<160g或>200g
		蛋形	过长、过圆、腰凸、橄榄形
		蛋壳质地	砂皮蛋、皱纹蛋、薄皮蛋和钢皮蛋

选择方法	配图	选择内容	不合格种蛋特征
透视选择法	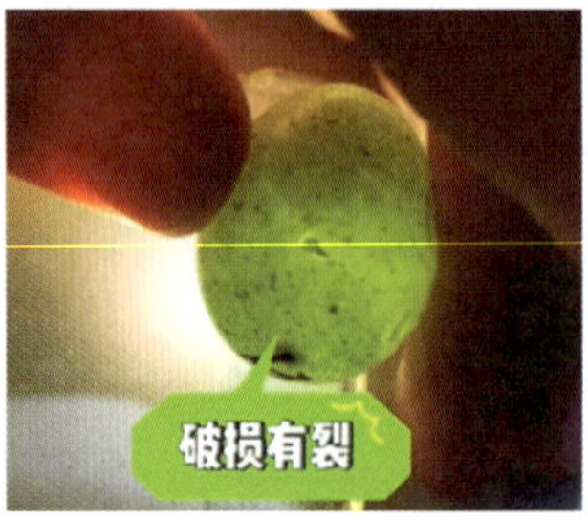	透视蛋壳、气室及蛋黄位置	两手各拿3枚蛋，转动五指，使蛋与蛋之间轻轻碰撞，听其声音。破损蛋可听到破裂声，若蛋壳薄，声音则较小
机器筛选法		种蛋通过机械手吸盘，人工放到筛选机流水线上	能剔除过大或过小的蛋

三、熏蒸消毒种蛋操作

用福尔马林和高锰酸钾熏蒸消毒种蛋，能杀灭蛋壳上95%～98.5%的病原菌，消毒效果比较好，是种禽场和孵化厂常用的消毒方法。

1. 熏蒸消毒时间与配药

（1）第一次消毒　一般在种禽饲养场的消毒室里进行，用药剂量为42mL/m^3福尔马林和21g高锰酸钾，烟熏20min。

（2）第二次消毒　在孵化器里消毒（入孵后马上进行），用药剂量为28mL/m^3福尔马林和14g高锰酸钾，烟熏20min。

（3）第三次消毒　移盘后在出雏器中进行，用药剂量为14mL/m^3福尔马林和7g高锰酸钾，烟熏3min。

2. 熏蒸消毒条件设置

（1）消毒空间　消毒室面积根据常规消毒一批次种蛋数量多少来确定，中型孵化厂一般为8m^2左右，同时要求密闭环境，保证消毒气体与种蛋充分接触。

（2）温湿度条件　要求温度为25～27℃，相对湿度为75%～80%。

（3）消毒器皿　熏蒸器皿最好用瓷盆。

3. 熏蒸消毒操作过程

配图	操作步骤	原理或原因
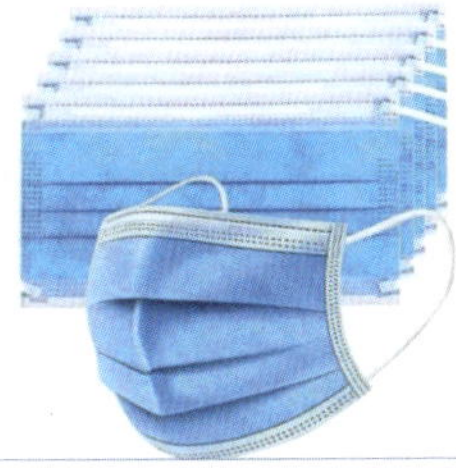	戴好口罩	福尔马林有很强的刺激气味
	准备消毒器皿	蛋壳表面脏污
	称量消毒药品	按要求计算出所需福尔马林和高锰酸钾用量
	消毒操作	可与孵化机一同消毒，操作时，先放福尔马林，后放用纸托着的高锰酸钾晶体，缓慢放入，在两种消毒剂尚未接触时人员迅速撤离。若消毒空间较大时，可选择多个消毒器皿由远至近（与门距离）依次操作，人员也依次撤离

学业评价

“种蛋的选择与消毒”学业考核评价表

专业班级:＿＿＿＿＿＿　　姓名:＿＿＿＿＿　　考核时间:＿＿＿＿＿＿

评价方式	考核内容		评分标准	配分	得分	备注
自我评价（15%）	必备知识	种蛋选择	了解种蛋选择的原则，计2分；熟悉种蛋选择的各种方法，计3分	5		通过平台在线进行自我评价
		种蛋保存	了解储蛋库的要求，计1分；掌握种蛋保存的温湿度要求，计2分；掌握种蛋保存的时间要求，计2分	5		
		种蛋运输	了解运输工具要求，计1分；掌握装车要求，计2分；熟记运输过程要求，计2分	5		
教师学业评价（50%）	任务实施	种蛋选择过程	能通过外观对种蛋进行正确选择，计5分；能通过透视找出裂缝的种蛋，计5分；能说出机器筛选法的特点，计5分	15		按任务达成程度进行评价
		不合格种蛋的识别	能依据气室大小判断不合格种蛋，计5分；能依据蛋壳脏污程度判断不合格种蛋，计5分；能依据蛋重判断不合格种蛋，计5分；能依据蛋形判断不合格种蛋，计5分；能依据蛋壳质地判断不合格种蛋，计5分	25		
		熏蒸消毒种蛋操作	会配制消毒药品，计3分；会设置熏蒸消毒条件，计3分；能说明消毒操作步骤，计4分	10		
学生互评（35%）	学习过程考核	课前	参加学习资源准备，计5分；完成预习任务，计5分；参与课前讨论，计5分	15		组内互评
		课中	严格遵守课堂纪律，计2分；有秩序地实施任务，并按时完成，计3分；积极参加问题探究，计2分；提出有意义的问题，计3分；完成小组分配的任务，计2分；在线抢答问题且答案正确，计3分	15		组间互评
		课后	能按要求清洁整理所用设备，计3分；工作室的卫生清扫清洁到位，计2分	5		组内互评
总计				100		—

注：90分及以上为优秀等级；75～89分为良好等级；60～74分为合格等级；60分以下为不合格。

课后拓展

- 完成消毒室污浊空气的排放，并且能够通过消毒器皿中残余的福尔马林和高锰酸钾的形态和颜色判断其用量是否适宜。
- 网上查询种蛋消毒的新方法，并传至学银在线作业栏中。

自测练习

1. 种蛋选择重点考虑________、________、________、________和________等方面。
2. 生产中，种蛋选择的方法主要包括________、________和________。
3. 种蛋保存时间最好在________天以内。
4. 甲醛薰蒸消毒种蛋时，要求环境温度为________℃，相对湿度为________%。

任务三　按规程进行孵化机操作

学习目标

知识目标

1. 能说出鸡和水禽不同的孵化条件。
2. 能写出孵化五大条件的卫生标准。
3. 掌握两次照蛋时正常发育胚胎、发育过缓或过快的胚胎、无精蛋和中死胚的发育特征。

技能目标

1. 能通过孵化机和出雏机的电脑程控系统设置胚胎发育的适宜条件。
2. 能通过观察胚胎的发育状况来判断孵化条件是否适宜。
3. 能绘制两次照检时正常发育胚胎、异常发育胚胎和无精蛋的示意图。
4. 能按孵化操作规程，完成孵化机的管理。

素养目标

1. 在设置孵化机和出雏机上的电脑程控系统条件时，相互讨论学习，培养谦虚谨慎的工作作风。
2. 在完成孵化操作规程过程中，培养团结合作的职业精神。

任务描述

孵化器包括孵化机和出雏机，管理好孵化器重在控制好孵化条件，遵守孵化操作规程。您作为孵化厂业务主管，请指导实习生共同完成孵化工作。依据GB/T 40454—2021《家禽孵化良好生产规范》要求，我们将按照图1-5和图1-6所示的内容完成学习任务。

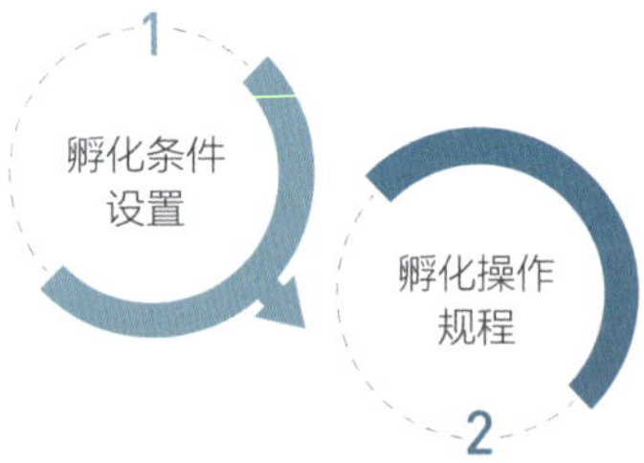

图1-5 “按规程进行孵化机操作”实施环节

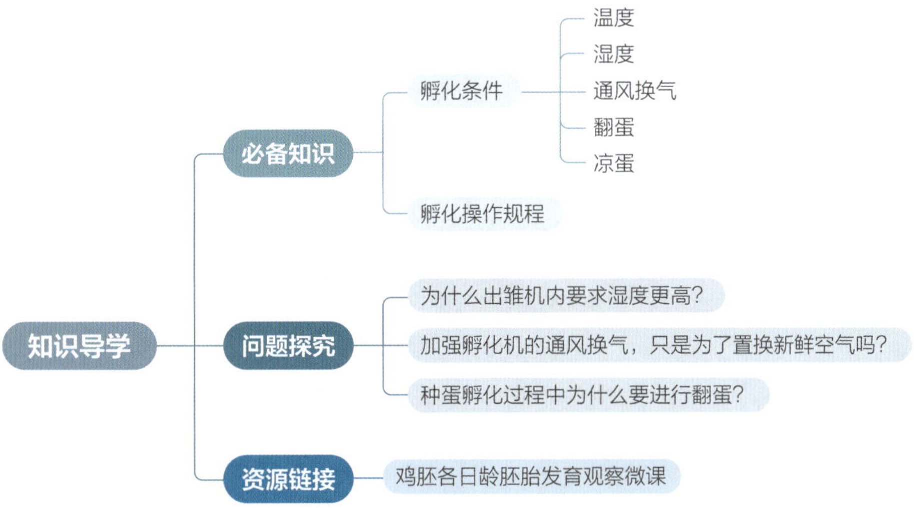

图1-6 “按规程进行孵化机操作”知识思维导图

课前准备

一、学习资源准备

通过网络获取GB/T 40454—2021《家禽孵化良好生产规范》。

二、完成预习任务

1. 阅读学习相关资源，了解传统孵化方法。
2. 查阅孵化室空气卫生标准。

三、完成课前讨论

1. 完成《学情分析表》(附录一)。
2. 在线提出预习中存在的问题，并进行相关讨论。

知识链接

一、必备知识

（一）孵化条件

1. 温度

温度是孵化的重要条件，胚胎发育的临界温度为23.9℃，在温度为35.0～40.5℃环境条件下，都有出雏的可能，但孵化率差别较大，所以要尽量满足胚胎正常发育所需最适温度要求。

（1）变温孵化　所谓变温孵化即种蛋一次性入孵，根据胚胎孵化日龄进行分阶段施温。特点是实行“全进全出”的孵化模式，见表1-5。

表1-5　变温孵化

鸡胚龄/天	室温/℃		鸭胚龄/天	室温/℃		鹅胚龄/天	室温/℃	
	15～22	22～28		15～22	22～28		15～22	22～28
1～6（前期）	38.6	38.1	1～7	38.1	37.8	1～9	38.0	37.8
7～12（前期）	38.3	37.8	8～15	37.8	37.5	10～18	37.8	37.5
12～18（中期）	38.1	37.5	16～24	37.5	37.2	19～26	37.5	37.2
19～21（后期）	37.2	37.2	25～28	37.2	36.8	27～31	36.8	36.5

（2）恒温孵化　多应用于鸡胚的孵化，即孵化机（1～19天）的孵化温度设置为37.8℃；出雏机（20～21天）的温度设置为36.8℃或37.2℃（肉用种蛋其给温为36.8℃，蛋用种蛋其给温为37.2℃）。孵化室温度保持在22～25℃。恒温孵化主要应用于种蛋来源不充足，雏禽需求不够集中或小型孵化厂。一般情况下，入孵种蛋以5天为间隔时间，一台孵化机中可入孵4批种蛋。

孵化温度过高和过低都会影响胚胎的发育，其孵化时间也略有不同，见表1-6。孵化给温应掌握“前高，中平，后低”的规律，遵守“看胎施温”和“变中求恒，恒中有变，变中求稳”的孵化原则。

表1-6　孵化温度与孵化时间的关系

温度/℃	孵化时间/天
36	22.5
36.5	21.5
37.8	21.0
38.9	19.5

2. 湿度

变温孵化时，孵化湿度应掌握“两头高，中间低”的原则。即孵化初期相对湿度为60%～65%，有利于胎膜的形成；中期为50%～55%，有利于蛋内水分的蒸发；后期（出雏期）为65%～75%，有利于胚胎的破壳。恒温孵化时，孵化机内的相对湿度设置为55%，出雏机内的相对湿度设置为70%。对于水禽来说，由于其蛋壳比较厚，喙圆钝，为了有利于破壳。鸭胚的孵化湿度前期为70%，中期60%为宜，后期为65%～75%；鹅胚的孵化湿度前期为75%～80%，中期为60%，后期为75%～80%。为了加速蛋壳的变脆，在孵化后期可以用30～32℃的温水定时喷淋器内，达到快速增湿效果。

3. 通风换气

在孵化过程中，通过调整风门开启程度来控制孵化机内的风速和路线。开始升温阶段可以暂时关闭风门，前期开启风门1/3，中期开启2/3，后期全部开启。

4. 翻蛋

孵化机通过机械方式使蛋的放置位置定时转动称为翻蛋。因出雏盘水平放置才利于出雏，因此，出雏机不需要翻蛋。

在孵化机的电脑显示屏上设置成120min翻蛋一次。鸡胚孵化16天后、鸭胚孵化20天后、鹅胚孵化23天后其胚胎各个器官发育基本完全，调节体温的机能增强，不存在因温度不均引起壳膜粘连的现象，故此后可以不翻蛋。但若是分批入孵时，落盘前一直进行翻蛋。翻蛋角度，鸡胚为90°±45°、鸭胚为100°～110°、鹅胚110°～120°为适宜。

5. 凉蛋

鸡胚不需要凉蛋，鸭胚、鹅胚需要凉蛋。头照后至尿囊绒毛膜“合拢”前（鸭胚13天、鹅胚15天），每天凉蛋1～2次；合拢至封门，每天凉蛋2～3次；封门至大批出雏前，每天凉蛋3～4次。凉蛋的时间根据室温和蛋温而定，凉蛋时间为30min左右。

（二）孵化操作规程

孵化操作规程主要有种蛋预热、种蛋码盘、种蛋二次消毒、孵化机运转状态检查、照检、移盘、拣雏称重和清扫消毒等生产环节，详见任务实施。

二、问题探究

1. 为什么出雏机内要求湿度更高?
2. 加强孵化机的通风换气，只是为了置换新鲜空气吗?
3. 种蛋孵化过程中为什么要进行翻蛋?

三、资源链接

鸡胚各日龄胚胎
发育观察微课

任务实施

规避风险提示

胚蛋照检时一定要稳、准、快，否则会影响孵化效果。

一、孵化条件设置

配图	设置条件	设备标准（分批入孵—恒温孵化）
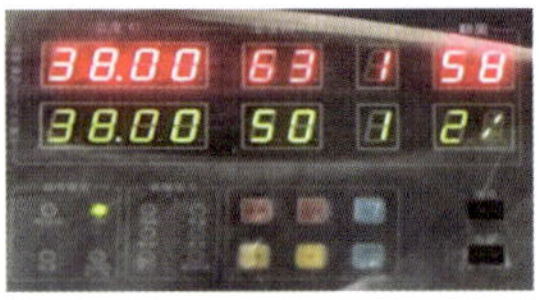	温度设置	孵化机：设置为37.8℃。 出雏机：设置为37.2℃
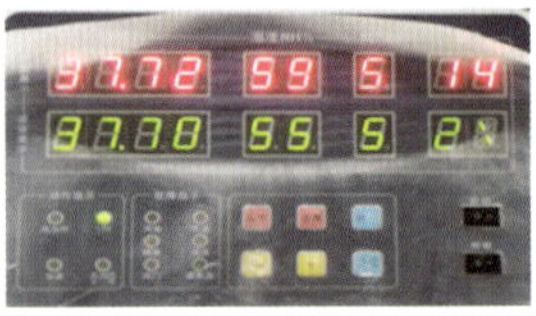	湿度设置	孵化机：设置为55%。 出雏机：设置为75%（水禽设置为90%，喷温水实现该条件）
	通风换气调整	要求：O_2含量为21%左右，CO_2含量<0.5%
	翻蛋时间和角度设置	只有孵化机需要翻蛋。 翻蛋时间：120min/次。 翻蛋角度：以垂直线为标准±45°（水禽蛋100°~120°/人工180°）
	凉蛋（鸭、鹅）操作	时间：自第16天起，2~3次/天，20~30min/次。 方法：机内凉蛋（打开孵化机的气孔和门窗，关闭电源，让胚蛋温度下降）或机外凉蛋（将蛋架车拉出机门2/3）。 灵活掌握：可用眼皮测定，以蛋贴眼皮，感觉微凉（32~35℃）即可停止凉蛋

二、孵化操作规程

<table>
<tr><th>配图</th><th colspan="2">步骤</th><th>方法</th></tr>
<tr><td></td><td colspan="2">种蛋预热</td><td>入孵前6h左右将种蛋移到室温为21～24℃的环境中</td></tr>
<tr><td></td><td colspan="2">种蛋码盘</td><td>入孵前的16：00左右将种蛋码在孵化盘中，要求种蛋大头朝上略有倾斜；前后均衡摆放；蛋重略大的放下层</td></tr>
<tr><td></td><td colspan="2">种蛋二次消毒</td><td>种蛋放入孵化器或种蛋消毒间中进行二次熏蒸消毒，消毒方法同模块一任务二</td></tr>
<tr><td></td><td colspan="2">孵化机运转状态检查</td><td>每2h观察1次所设孵化条件，发现问题及时上报或处理</td></tr>
<tr><td>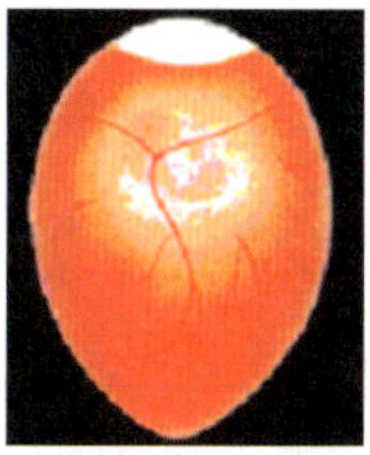</td><td rowspan="2">照检（5日龄）</td><td>正常发育胚蛋特征：血管网鲜红，布满蛋体的4/5。胚胎及分布的血管网酷似蜘蛛织网，胚胎的头部可见到黑色的眼点。将蛋微微转动，胚胎也随之转动</td><td rowspan="2">操作步骤：照检时3人一组同时操作，首先1号操作工将孵化器中的蛋架车拉出，由蛋架车上抽出一盘蛋放在工作台上，2号操作工用照蛋器照蛋，并随时剔出白蛋和血蛋，3号操作工将剔出的白蛋、血蛋分类码放，并清点登记。照完一个蛋架车后由2、3号操作工将蛋架车推回机内继续孵化，1号操作工同时拉出另一蛋架车继续照检，直至全机照完为止</td></tr>
<tr><td>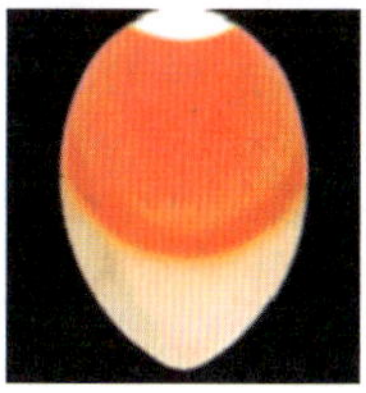</td><td>发育缓慢胚蛋特征：略小于正常发育胚蛋，胚胎的头部可见到灰色的眼点。将蛋微微转动，胚胎也随之转动</td></tr>
</table>

配图	步骤		方法
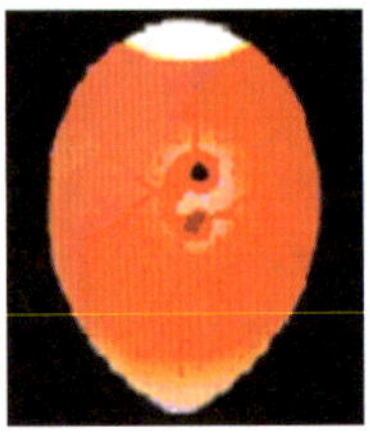	照检（5日龄）	发育偏快胚蛋特征： 血管网鲜红，布满蛋体的5/6。胚胎的头部可见到黑色的眼点，胚体较大，眼球内黑色素大量沉着，胚体尾部开始膨大	
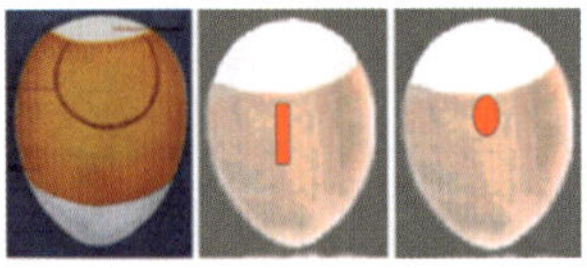		死胚蛋外观特征： 可见不规则的血点、血棒、血环	
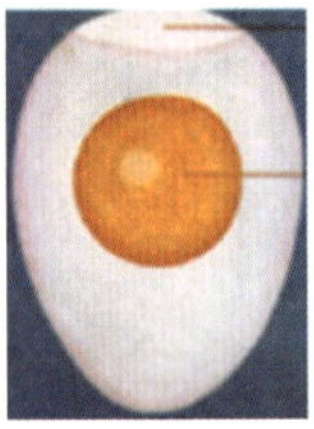		无精蛋外观特征： 蛋内透明发亮，隐约可见蛋黄的影子，看不到血管网	
	照检（19日龄）	胚胎正常发育特征： 胚胎占满除气室外的全部空间；气室边缘弯曲，可见粗大血管，有时可见胚胎在蛋内闪动，俗称“闪毛”	操作要求：以19200型孵化器为例，一般要求6人操作，平均速度为60～80min/台，每个蛋架车中胚蛋在室温中放置不超过25min，室温在28～30℃为宜；操作过程中不小心打破胚蛋及臭蛋应剔出并放入污物桶中，溅到四周及胚蛋上的污物应及时用消毒药液擦除
		发育缓慢外观特征： 气室较小，边界平齐，有血管分布	
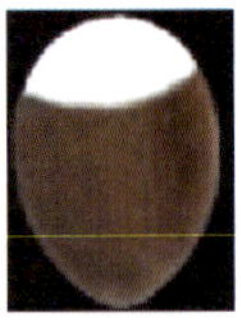		死胚蛋外观特征： 气室周围无血管，或锐端色淡或蛋内混浊	
	移盘		时间：鸡胚龄19天（啄壳胚蛋点10%为准），鸭胚龄25天，鹅胚龄27或28天开始移盘。 方法：将胚蛋从孵化机移至出雏机。 要求：动作要轻、稳、快；提高室温2℃，出雏机温度37.2℃

配图	步骤	方法
	拣雏称重	胚蛋在孵化20.5天时，开始大批出雏，见有30%以上出壳时，开始拣出羽毛基本已干了的雏鸡，并拣出蛋壳，分3次拣完初生雏，并进行称重
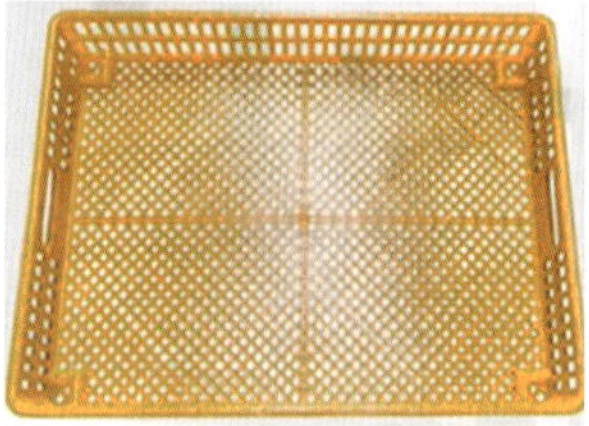	清扫消毒	在出雏完毕后，必须对出雏机、孵化机和孵化室进行清扫和消毒。刷拭孵化盘和出雏盘，并清洁到位

三、记录原始数据（表1-7，表1-8）

表1-7　孵化工作日程记录

品种	批次	入孵	入孵种蛋数	照蛋	出雏机消毒	移盘	出雏	雌雄鉴别	接种疫苗	接雏

表1-8 孵化条件管理记录

时间	1号孵化机				2号孵化机				室内		出雏机		值班者	备注
	温度/℃	湿度/%	翻蛋/°	通风（m^3/min）	温度/℃	湿度/%	翻蛋/°	通风（m^3/min）	温度/℃	湿度/%	温度/℃	湿度/%		

学业评价

"按规程进行孵化机操作"学业考核评价表

专业班级:____________ 姓名:__________ 考核时间:____________

评价方式	考核内容		评分标准	配分	得分	备注
自我评价（15%）	必备知识	孵化条件	在恒温孵化条件下，记住孵化机和出雏机温度卫生标准，计1分；记住孵化机和出雏机湿度卫生标准，计1分；掌握孵化机通风换气卫生标准，计1分；掌握孵化机翻蛋作用，计1分；说出需要凉蛋的胚蛋种类，计1分	5		通过到平台进行自我评价
		孵化操作规程	记住8个孵化操作规程，计8分，每少一个扣1分；记住二次照检胚蛋的时间，计2分，每错一次扣1分	10		
教师学业评价（50%）	任务实施	孵化条件设置	在恒温孵化条件下，会在电脑显示屏上设置孵化机和出雏机温度，计2分；会设置孵化机和出雏机湿度，计2分；会开启通风口及确定数量，计2分；会设置孵化机翻蛋时间和角度，计2分；能选择适宜的方法凉蛋，计2分	10		按任务达成程度进行评价
		孵化操作规程	会预热种蛋，计3分；会均衡码盘，计3分；会给种蛋二次熏蒸消毒，计2分；会进行孵化机管理，计3分；在7日龄胚胎发育检查中，能判断出发育正常的胚蛋，计3分；能判断出发育偏快或缓慢胚蛋，计4分；能判断出中死胚，计4分；能判断出无精蛋，计2分；在19日龄胚胎发育检查中，能判断出发育正常的胚蛋，计3分；能判断不同日龄中死胚，计3分；能依据啄壳胚蛋占10%时开始移盘，计3分；能依据出壳率在30%以上开始拣雏，计3分；孵化出雏完毕后，能将出雏盘刷拭洁净，计4分	40		

续表

评价方式	考核内容		评分标准	配分	得分	备注
学生互评（35%）	学习过程考核	课前	参加学习资源准备，计5分；完成预习任务，计5分；参与课前讨论，计5分	15		组内互评
		课中	严格遵守课堂纪律，计2分；有秩序地实施任务，并按时完成，计3分；积极参加问题探究，计2分；提出影响孵化因素方法问题，计3分；小组成员通力合作共同完成任务，计2分；在线抢答问题且答案正确，计3分	15		组间互评
		课后	能按要求接运新到货的种蛋并放入蛋库，计3分；对孵化室进行清扫清洁，计2分	5		组内互评
总计				100		—

注：90分及以上为优秀等级；75～89分为良好等级；60～74分为合格等级；60分以下为不合格。

课后拓展

- 胚胎发育的临界温度为23.9℃，在温度35.0～40.5℃环境条件下，都有出雏的可能，但出雏率和健雏率会差别很大。假如，您的亲友将采用火炕供温进行商品肉鸡种蛋的孵化，并请您指导希望提供不同发育阶段的温度卫生标准，并咨询您当火炕孵化温度把握不准时，给温的原则是偏高还是偏低其损失会更小？请您查询资料列出不同孵化阶段的给温标准，并说明供温的原则和理由，并将其传至学银在线作业栏中。

自测练习

1. 恒温孵化时，在电脑显示屏上将出雏器的湿度设置为（　　）。

   A. 50%　　B. 55%　　C. 60%　　D. 65%

2. 鸡父母代种蛋一般在孵化过程中移盘的胚龄为（　　）。

   A. 10～11天　　B. 13～14天　　C. 18～19天　　D. 20～21天

3. 当孵化温度偏高时，出雏时间表现为（　　）。

   A. 提前　　B. 拖后　　C. 正常　　D. 不定

4. 入孵19天的鸡胚蛋，照检正常活胚蛋可见（　　）。

   A. 起珠　　B. 合拢　　C. 闪毛　　D. 樱桃珠

任务四　初生雏的处理

学习目标

知识目标

1. 能说出健雏和弱雏的区别。
2. 掌握初生雏羽色自别雌雄的遗传原理。
3. 掌握初生雏羽速自别雌雄的遗传原理。
4. 掌握初生雏雌雄鉴别的方法。

技能目标

1. 会进行初生雏的分级。
2. 能通过羽色进行雏鸡的雌雄鉴别。
3. 能通过羽速进行初生雏的雌雄鉴别。

素养目标

1. 在进行初生雏分级时，以认真负责的态度对待工作，树立爱岗敬业、诚实守信的职业观。
2. 在初生雏雌雄鉴别过程中，通过反复练习、懂得熟能生巧的道理，培养工匠精神。

任务描述

为了保证初生雏的质量，孵化厂必须对初生雏进行分级，将健康的雏鸡销售给客户。同时，为了更好地满足部分客户的要求，将承担0～1日龄雏鸡的雌雄鉴别任务。今天孵化厂批量出雏的是海兰褐父母代种鸡3.5万只，您作为孵化主管，请带领大家按照如图1-7和图1-8所示的内容完成学习任务。

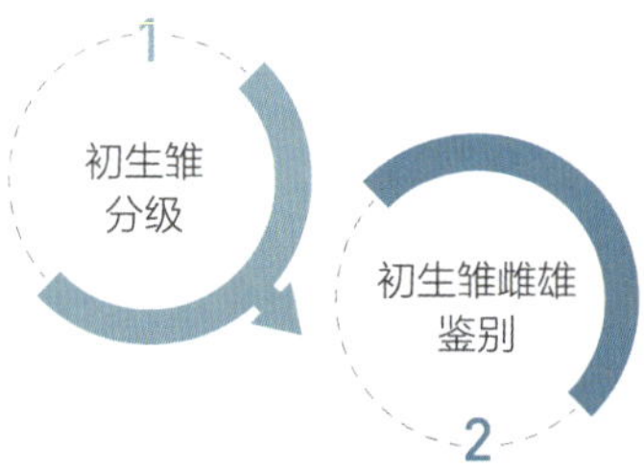

图1-7　“初生雏的处理”实施环节

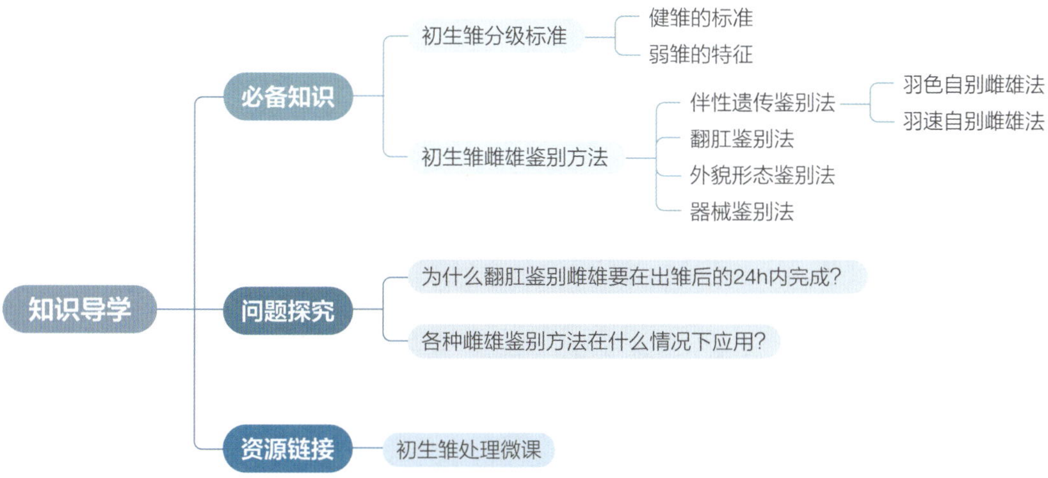

图1-8 “初生雏的处理”知识思维导图

课前准备

一、学习资源准备

通过网络获取GB 18596—2001《畜禽养殖业污染物排放标准》。

二、完成预习任务

1. 阅读学习相关资源，了解弱雏和死胚的处理要求。
2. 查阅0～1日龄种鸡雏接种疫苗的名称。

三、完成课前讨论

1. 完成《学情分析表》(附录一)。
2. 在线提出预习中存在的问题，并进行相关讨论。

知识链接

一、必备知识

（一）初生雏分级标准

1. 健雏的标准

健雏表现为站立有力，活泼好动，反应机敏，眼大有神，羽毛覆盖完整、有光泽，腹部柔软，卵黄吸收良好。手握雏鸡感到温暖、有膘，体态匀称，有弹性，挣扎有力；叫声洪亮、清脆、短促。

2. 弱雏的特征

弱雏表现为缩头闭眼，羽毛蓬乱残缺，特别是肛门附近的羽毛多被粪便玷污，腹大、松弛，脐口愈合不良、带血、发青等。同时要看是否有畸形，凡是腿、喙畸形或有残疾、折翅等个体均为弱雏。弱雏手感身体较凉、瘦小、轻飘，挣扎无力；叫声微弱、嘶哑，或鸣叫不停、有气无力。

（二）初生雏雌雄鉴别方法

1. 伴性遗传鉴别法

（1）羽色自别雌雄法　该方法利用隐性金黄色（*Zs*表示）绒羽公鸡（*ZZ*表示），与显性银白色（*ZS*表示）绒羽母鸡（*ZW*表示）杂交，后代中凡金黄色绒羽者为母鸡，银白色绒羽者为公鸡。一般现代蛋鸡雏其父母代银白色绒羽为母鸡，金黄色绒羽为公鸡；商品代蛋鸡其金黄色绒羽为母鸡，银白色绒羽为公鸡（图1-9）。

在褐壳蛋鸡生产中常采用羽色自别雌雄，其原理是利用羽色的显隐性基因（银色对金色为显性）伴随性别进行遗传来鉴别雌雄。

亲代基因型	亲本♂	*ZsZs*	*ZSW-*	亲本♀
亲代表现型	（金色）	↓	↓	（银色）
子代基因型	F1♂	*ZsZS*	*ZsW-*	F1♀
子代表现型		（银色）	（金色）	

图1-9　金银羽色伴性遗传基因重组示意图

以商品代雏鸡为例，凡是绒羽为金色的是母雏，银色的是公雏。对于羽色不明显的要详细鉴别，有很少一部分公雏头部和背部带有黄红色或深褐色斑块，但较母雏少而色淡，躯体绒羽仍为白色；而母雏也有头和背部带有黄红色条纹和斑块，但躯体绒羽仍为红色，见示意图1-10和图1-11。

图1-10　母雏羽色鉴别

白色，眼睛周围为浅褐色并延伸至头顶（约占1%）；深红色，头部和背部有黑色条纹（约占4%）；浅褐色，头部有白斑（约占5%）；全身为浅褐色（约占30%）；浅褐色，头部带白色条纹，背部有1条或3条白色条纹（约占60%）。

白色，眼睛周围为红色，头顶隐约可见红斑（约占1%）；白色，头部和背部有黑色条纹（约占4%）；白色，头部有红斑（约占5%）；全身白色或近白色（约占30%）；白色头顶带红色条纹，背部有1条或3条红色条纹（约占60%）。

图1-11　公雏羽色鉴别

（2）羽速自别雌雄法　利用快生羽（隐性，用*Zk*表示）公鸡，与慢生羽（显性，用*ZK*表示）母鸡杂交，后代中凡是快生羽者为母鸡，慢生羽者为公鸡。快慢羽速的伴性遗传示意图见图1-12。属于快生羽还是慢生羽，要根据主翼羽和覆主翼羽的相对长度来鉴别。如果覆主翼羽长于主翼羽或者二者等长，或主翼羽较覆主翼羽微长0.2mm以内，这种雏鸡绒羽更换比幼羽速度慢，称为慢羽是公鸡；如果初生雏鸡的主翼羽长于覆主翼羽0.2mm以上，绒羽的更换比幼羽速度快，称为快羽的母鸡。羽速鉴别示意图见图1-13。

亲代基因型	亲本♂	*ZkZk*	*ZKW-*	亲本♀
亲代表现型	（快羽）	↓	↓	（慢羽）
子代基因型	F1♂	*ZkZK*	*ZkW-*	F1♀
子代表现型		（慢羽）	（快羽）	

图1-12　快慢羽速的伴性遗传示意图

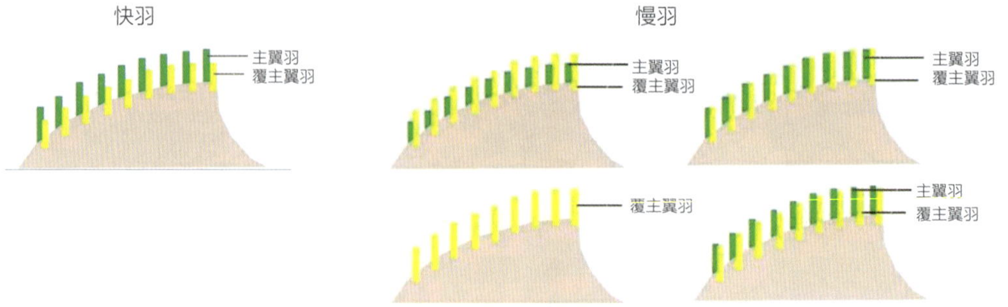

图1-13 羽速鉴别示意图

2. 翻肛鉴别法

翻肛鉴别法是通过观察公雏有无生殖突起而区分雌雄的一种方法。雏鸡的生殖突起，位于泄殖腔开口部下端中央，公雏的生殖突起比较明显，母雏在胚胎期已基本退化。

初生雏鸡生殖突起的形态分类和组织形态有一定的差异。其中，雄雏生殖突起分为正常型、小突起型、分裂型、肥厚型、扁平型和纵型；雌雏生殖突起分为正常型、小突起型和大突起型。初生雏鸡生殖突起的形态分类和特征见表1-9。

表1-9 初生雏鸡生殖突起的形态分类和特征

性别	类型	生殖突起	八字皱襞
雄雏	正常型	大而圆，形状饱满，充血，轮廓明显	很发达
	小突起型	小而圆	比较发达
	分裂型	突起分为两部分	比较发达
	肥厚型	比正常型大	发达
	扁平型	大而圆，突起扁平	发达，不规则
	纵型	尖而小，着生部位较深，突起直立	不发达
雌雏	正常型	无	退化
	小突起型	突起较小，不充血	不发达
	大突起型	突起下有凹陷，隐约可见突起稍大，不充血，突起下有凹陷	不发达

3. 外貌形态鉴别法

公雏一般头部较大、宽厚，冠齿发达，眼大有神，喙宽厚，鼻孔狭窄呈线形，与喙交界呈波浪形，体躯宽深，后区发达，胫部粗壮，两腿间距宽，叫声洪亮，翼角无绒毛，腹部稍平贴收缩有力，站立姿势有力较直，排泄姿势直立。

母雏一般头部较小、窄薄，头部清秀，脑后绒毛紧贴皮肤，喙角短而窄，鼻孔较大呈圆形，与喙交界处较平整，体格较小，颈部较短，体躯窄，特别后区尖形，胫部较细，翼角有绒毛，腹部稍下垂，站立姿势略倾斜，排泄姿势向后蹲。

4. 器械鉴别法

将鉴别器的玻璃曲管插入雏禽的直肠内，直接观察睾丸或卵巢而鉴别雌雄。操作方法是一只手将雏禽握于手中，雏背贴于掌心，拇指贴于肛门左下方指压排粪，另一只手将鉴别器的曲管插入直肠即可。雄性雏禽左右有对称的比稻米粒略细长的乳白色棒状睾丸，母禽只有左侧有一扁平的卵巢。

二、问题探究

1. 为什么翻肛鉴别雌雄要在出雏后的24h内完成?
2. 各种雌雄鉴别方法在什么情况下应用?

三、资源链接

初生雏处理微课

任务实施

规避风险提示

翻肛鉴定时灯具要求高度适宜，光线充足集中；鉴别员必须技术熟练，否则影响鉴别效果。

一、初生雏分级

配图	分级	分级标准
	健雏	站立有力，活泼好动，反应机敏，眼大有神，羽毛覆盖完整、有光泽，腹部柔软，卵黄吸收良好；手握雏鸡感到温暖、有膘，体态匀称，有弹性，挣扎有力；叫声洪亮、清脆、短促
	弱雏（缩头闭眼，羽毛蓬乱）	

配图	分级	分级标准
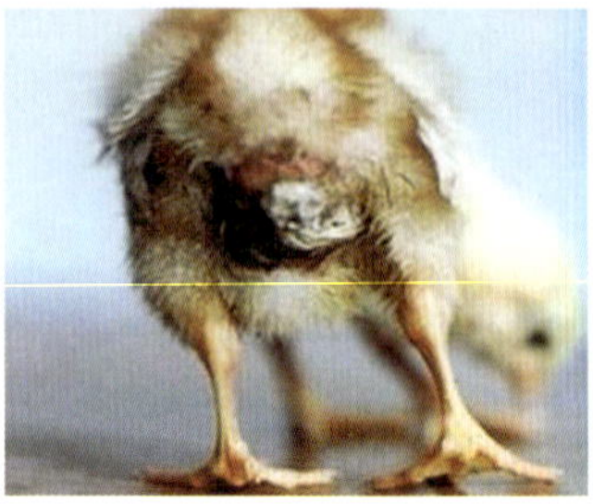	弱雏（肛门周围羽毛被粪便玷污）	缩头闭眼，羽毛蓬乱、关节红肿，肛门附近的羽毛被粪便玷污，腹大、松弛，脐口愈合不良、带血、发青、畸形，凡是腿、喙畸形或有残疾、折翅等个体均为弱雏；手感身体较凉、瘦小、轻飘，挣扎无力；叫声微弱、嘶哑，或鸣叫不停、有气无力
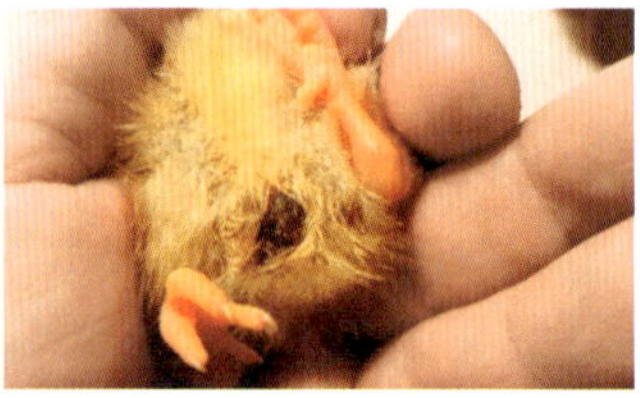	弱雏（脐口愈合不良）	
	弱雏（喙畸形）	
	弱雏（腿残疾）	
	弱雏（叫声微弱无力）	

二、初生雏雌雄鉴别

1. 伴性遗传鉴定法

（1）羽色自别雌雄法

配图	鉴别代次及雌雄	鉴别依据
	父母代褐壳蛋鸡（母鸡）	利用羽色的显隐性基因（银色对金色为显性）伴随性别进行遗传来鉴别雌雄。父母代褐壳蛋鸡银白色绒羽为母鸡
	父母代褐壳蛋鸡（公鸡）	父母代褐壳蛋鸡金黄色绒羽为公鸡
	商品代褐壳蛋鸡（公鸡）	银白色绒羽为公鸡
	商品代褐壳蛋鸡（母鸡）	金黄色绒羽为母鸡

（2）羽速自别雌雄法

<table>
<tr><th>配图</th><th>鉴别雌雄</th><th>鉴别依据</th></tr>
<tr><td>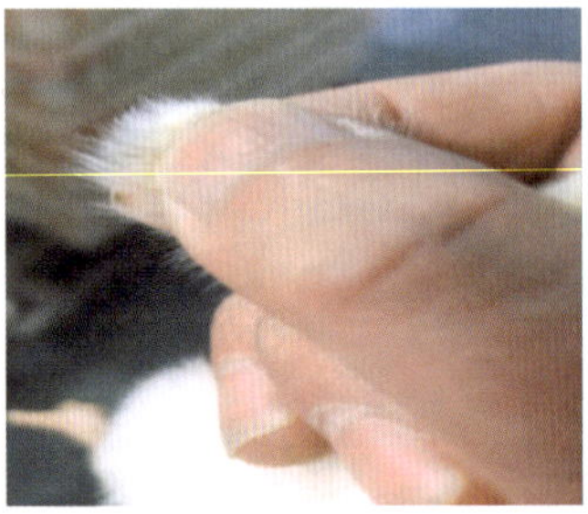</td><td>公鸡
（主翼羽未长出，只有覆主翼羽）</td><td rowspan="3">利用快生羽（隐性）公鸡与慢生羽（显性）母鸡杂交，后代中凡是慢生羽者为公鸡。（根据主翼羽和覆主翼羽的相对长度来鉴别）。如果覆主翼羽长于主翼羽或者二者等长，或主翼羽较覆主翼羽微长0.2mm以内，这种雏鸡绒羽更换比幼羽速度慢，称为慢羽</td></tr>
<tr><td>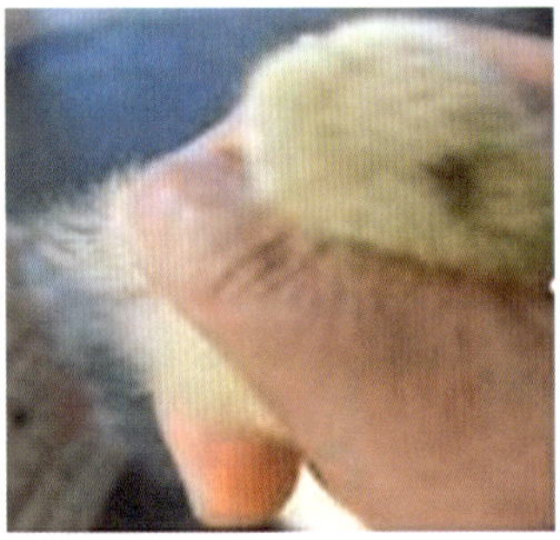</td><td>公鸡
（覆主翼羽长于主翼羽）</td></tr>
<tr><td>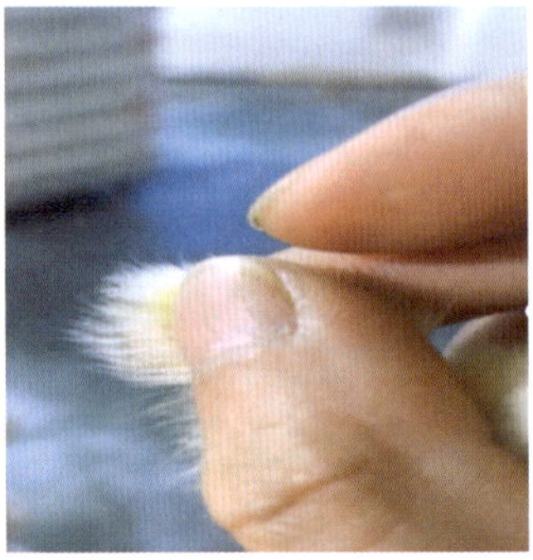</td><td>公鸡
（主翼羽与覆主翼羽的羽干等长）</td></tr>
<tr><td>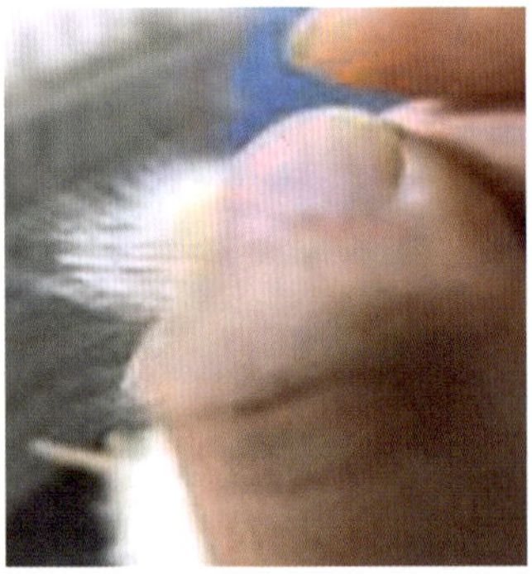</td><td>母鸡
（主翼羽长于覆主翼羽）</td><td>利用快生羽（隐性）公鸡与慢生羽（显性）母鸡杂交，后代中凡是快生羽者为母鸡。依据初生雏鸡的主翼羽长于覆主翼羽0.2mm以上，绒羽的更换比幼羽速度快则为快羽的母鸡</td></tr>
</table>

2. 翻肛鉴别法

<table>
<tr><th>配图</th><th colspan="2">鉴别步骤</th><th>操作方法</th></tr>
<tr><td></td><td colspan="2">抓雏握雏</td><td>右手握雏，雏背贴操作者的掌心，肛门向下，雏颈轻夹于食指与中指之间，移至左手后，雏颈夹于中指与无名指之间，肛门向上，无名指与小指弯曲将两腿夹于掌面</td></tr>
<tr><td>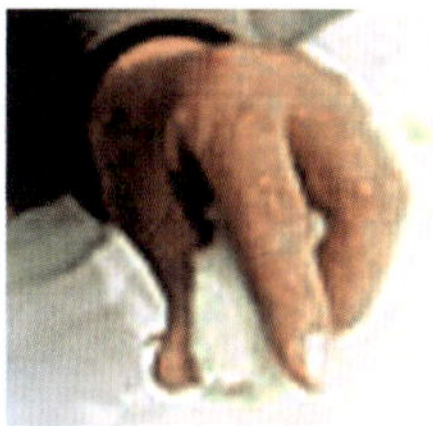</td><td colspan="2">排粪</td><td>右手拇指、食指和中指分别轻压雏鸡两侧腹壁，一次将胎便排净</td></tr>
<tr><td>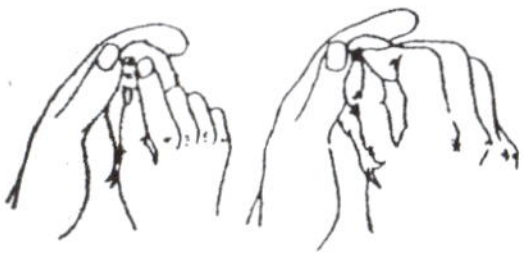</td><td rowspan="3">翻肛</td><td>方法一</td><td rowspan="3">排粪后，右手配合完成一按、二掐、三掰、四推的翻肛动作，使肛门呈“三角形”外翻</td></tr>
<tr><td></td><td>方法二</td></tr>
<tr><td>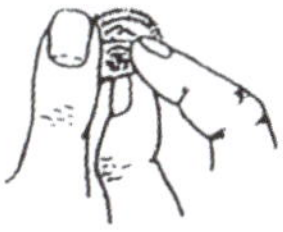</td><td>方法三</td></tr>
<tr><td>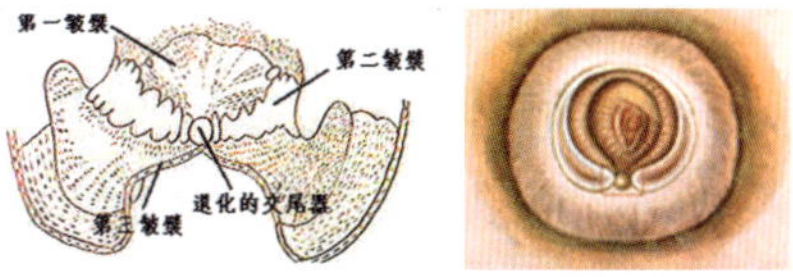</td><td rowspan="2">鉴别</td><td>公鸡</td><td rowspan="2">在强光下将肛门完全翻开后，通过观察生殖突起的有无和八字皱襞的形态来判定</td></tr>
<tr><td>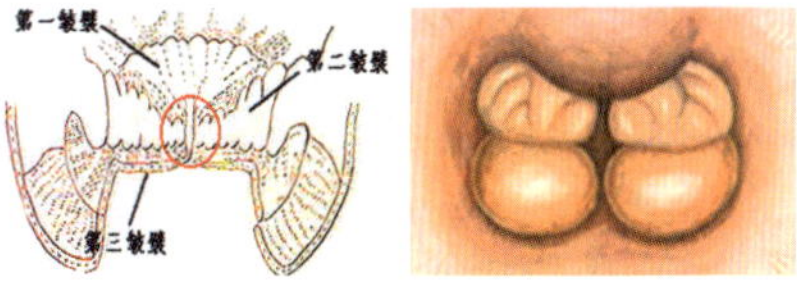</td><td>母鸡</td></tr>
<tr><td></td><td colspan="2">放雏</td><td>鉴别后快速放雏，将公雏放在操作者右侧，母雏放在左侧，随后进行第二只鉴别</td></tr>
</table>

学业评价

“初生雏的处理”学业考核评价表

专业班级：__________ 姓名：__________ 考核时间：__________

评价方式	考核内容		评分标准	配分	得分	备注
自我评价（15%）	必备知识	初生雏分级标准	掌握健雏的标准，计3分；熟悉弱雏的特征，计3分	6		通过平台在线进行自我评价
		初生雏雌雄鉴别方法	了解伴性遗传自别雌雄的科学依据，计3分；掌握羽色自别雌雄的方法，计3分；掌握羽速自别雌雄的方法，计3分	9		
教师学业评价（50%）	任务实施	初生雏分级	会进行初生雏的分级，计20分，每错1只扣0.5分，直至20分为止	20		按任务达成程度进行评价
		初生雏雌雄鉴别	会进行羽色自别雌雄，计10分，每错1只扣0.5分，直至10分为止；会进行羽速自别雌雄，计10分，每错1只扣0.5分，直至10分为止；能说明翻肛鉴定法的步骤，计10分，每错1处扣2分	30		
学生互评（35%）	学习过程考核	课前	参加学习资源准备，计5分；完成预习任务，计5分；参与课前讨论，计5分	15		组内互评
		课中	严格遵守课堂纪律，计2分；有秩序地实施任务，并按时完成，计3分；积极参加问题探究，计2分；提出有意义的问题，计3分；完成小组分配的任务，计2分；在线抢答问题且答案正确，计3分	15		组间互评
		课后	能将弱雏和毛蛋合理处理，计3分；能将用后疫苗瓶焚烧，计2分	5		组内互评
总计				100		—

注：90分及以上为优秀等级；75～89分为良好等级；60～74分为合格等级；60分以下为不合格。

课后拓展

- 经调研写出弱雏和死胚产生原因的分析报告。

自测练习

1. 初生雏主要分为________雏和________雏。
2. 初生雏雌雄鉴定方法有________、________、________和________。
3. 利用羽色的显隐性基因（银色对金色为显性）伴随性别进行遗传来鉴别雌雄。父母代褐壳蛋鸡金黄色绒羽为________鸡。
4. 利用快生羽（隐性）公鸡与慢生羽（显性）母鸡杂交，后代中凡是快生羽者为________鸡。
5. 应用翻肛法鉴定雌雄时，其翻肛动作为一________、二________、三________、四________，使肛门呈“三角形”外翻。

模块二　蛋鸡生产

任务一　蛋鸡品种的选择

学习目标

知识目标

1. 了解蛋鸡现代品种和地方品种的区别。
2. 熟悉常见的现代品种的生产性能。
3. 熟悉主要地方品种的生产性能。

技能目标

1. 看图指出2个以上褐壳蛋鸡的品种名称。
2. 看图能识别出3个地方品种。

素养目标

通过对现代品种与地方品种生产性能的对比，认识到家禽育种工作的重要性，了解到世界优良品种对畜牧业的贡献，懂得科技强国的重要意义，树立为养殖业奋斗一生的远大理想和信念。

任务描述

选好品种是养鸡生产必备的条件。本任务将依据现代常见蛋鸡品种和地方典型品种的外貌特点、生产性能及其养殖环境进行品种的选择，我们将按照如图2-1和图2-2所示的内容完成学习任务。

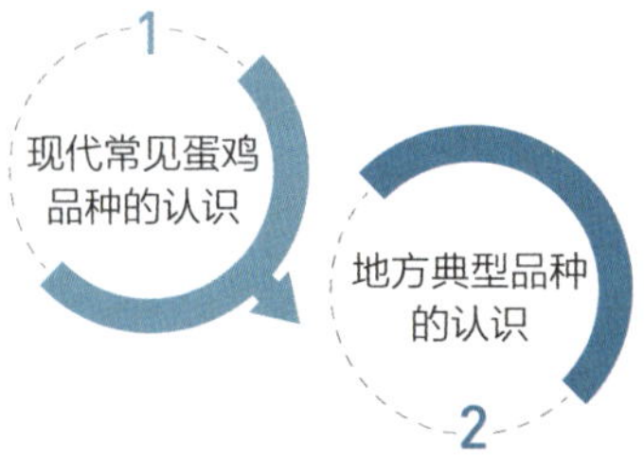

图2-1　“蛋鸡品种的选择”实施环节

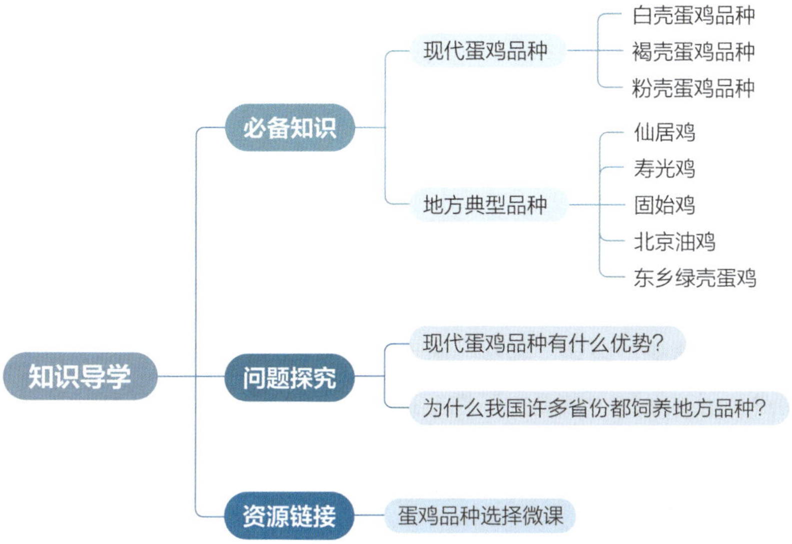

图2-2 “蛋鸡品种的选择”知识思维导图

课前准备

一、学习资源准备

通过网络获取DB12/T 1286—2023《蛋鸡无抗养殖技术管理规范》。

二、完成预习任务

1. 查阅家乡所在县市主要养殖的现代蛋鸡品种。
2. 调查家乡所在县市主要养殖的地方鸡品种。

三、完成课前讨论

1. 完成《学情分析表》(附录一)。
2. 在线提出预习中存在的问题，并进行相关讨论。

知识链接

一、必备知识

（一）现代蛋鸡品种

1. 白壳蛋鸡品种

（1）京白904　该品种为三系配套，父本为单系，母本两个系，由北京市种禽公司育成。杂交鸡的突出特点是早熟、高产、蛋大、生活能力强、饲料报酬高，是目前国内比较受欢迎的白壳蛋鸡品种。主要生产性能指标为0～20周龄育成率92.17%，20周龄体重1.49kg，群体150日龄开产，72周龄产蛋数288.5枚，平均蛋重 59.01g，总蛋重17.02kg，料蛋比2.33∶1，产蛋期存活率88.6%，产蛋期末体重2kg。

（2）京白938　是北京市种禽公司的科技人员为实现白壳蛋鸡羽速自别雌雄，在原有京白823和京白904配套纯系的基础上，进行快羽和慢羽的选育育成。1991—1995年，经过多批次几十个组合的测定，最后筛选出可通过羽速自别雌雄的品系配套的938高产白壳蛋鸡。其主要生产性能指标为20周龄育成率94.4%；20周龄体重1.19kg；21～72周饲养日产蛋303枚，平均蛋重59.4g，总蛋重18kg；产蛋期存活率90%～93%。

（3）海赛克斯白　该鸡是荷兰优利布里德公司育成的四系配套杂交鸡，以产蛋强度高、蛋重大而著称。该鸡种135～140日龄见蛋，160日龄产蛋率达50%，210～220日龄产蛋率超过90%，总蛋重16～17kg，72周龄产蛋量274.1枚，平均蛋重60.4g，产蛋期存活率92.5%。以产蛋强度高、蛋重大而著称，被认为是当代最高产的白壳蛋鸡之一。

（4）罗曼白　是德国罗曼公司育成的两系配套杂交鸡。由于其产蛋量高，蛋重大，备受人们的青睐。罗曼公司测定了商品代鸡的生产性能指标：0～20周龄育成率96%～98%；20周龄体重1.3～1.35kg；150～155日龄产蛋率达50%，高峰期产蛋率92%～94%，72周龄产蛋量290～300枚，平均蛋重62～63g，总蛋重18～19kg，料蛋比（2.3～2.4）∶1；产蛋期末体重1.75～1.85kg，产蛋期存活率 94%～96%。

2. 褐壳蛋鸡品种

褐壳蛋鸡由肉蛋兼用型品种培育而来，父母代和商品代均可以羽色自别雌雄。具有蛋重大、蛋的破损率低、鸡性情温顺、对应激因素的敏感性差等优点。

（1）京红1号　是北京市华都峪口禽业有限责任公司在引进世界优秀育种素材后，于2009年选育出来的优秀蛋鸡品种。农业农村部农产品质量安全检验检测中心测定结果表明，“京红1号”生产性能达到国际领先水平。其生产性能为0～20周龄成活率为96%～98%，产蛋期成活率为92%～95%，高峰产蛋率为93%～96%，产蛋率在90%以上维持时间在8个月以上，高峰期料蛋比（2.0～2.1）∶1。此外，杂交配套系能进行雏鸡雌雄自别，父母代雌雄自别准确率高达98%以上，商品代雌雄自别准确率接近100%。

（2）海兰褐　是由美国海兰国际公司育成的四系配套杂交鸡。父本红褐色，母本白色。商品雏鸡可实现羽色自别雌雄，即公雏为白羽，母雏为褐羽。据海兰国际公司的资料显示，商品代生产性能为0～20周龄育成率97%；20周龄体重1.54kg，156日龄产蛋率约50%，29周龄达产蛋高峰，高峰期产蛋率91%～96%，18～80周龄饲养日产蛋量299～318枚，32周龄平均蛋重60.4g，20～74周龄蛋鸡存活率为91%～95%。

（3）海赛克斯褐　该品种是由荷兰优利布里德公司育成的四系配套杂交鸡。该鸡在世界分布也较广，是目前国际上产蛋性能最好的褐壳蛋鸡之一。父本两系均为红褐羽，母本两系均为白羽。商品代雏鸡可用羽色自别雌雄，即公雏为白羽，母雏为褐羽。据该公司资料介绍，商品代鸡0～20周龄育成率97%；20周龄体重1.63kg；78周龄产蛋量302枚，平均蛋重63.6g，总蛋重19.2kg；产蛋期存活率95%。目前我国各地均有饲养，普遍反映该鸡种不仅产蛋性能好，而且适应性和抗病力强。

（4）罗曼褐　是德国罗曼公司育成的四系配套褐壳蛋鸡高产品种，该品种具有产蛋性能高、性成熟早、产蛋高峰持久及适应性良好和抗病力较强等优点。其父本两系均为褐羽，母本两系均为白羽。商品代雏鸡可用羽色自别雌雄：公雏白羽，母雏褐羽。据该公司资料表明，罗曼褐商品鸡0～20周龄育成率97%～98%，152～158日龄达50%产蛋率；0～20周龄总耗料7.4～7.8kg，20周龄体重1.5～1.6kg；高峰期产蛋率为90%～93%，72周龄入舍鸡产蛋量285～295枚，12月龄平均蛋重63.5～64.5g，入舍鸡总蛋重 18.2～18.8kg，料蛋比（2.3～2.4）：1；产蛋期末体重2.2～2.4kg；产蛋期母鸡存活率94%～96%。

3. 粉壳蛋鸡品种

粉壳蛋鸡系主要是由洛岛红品种与白来航品种通过正交或反交所产生的杂种鸡，其蛋壳颜色介于褐壳蛋与白壳蛋之间。

（1）京粉1号　是北京市华都峪口禽业有限责任公司在引进世界优秀育种素材的基础上，采用传统和现代育种技术相结合的方法，在中国饲养环境条件下选育的优秀蛋鸡品种。适合中国的环境、饲料质量、设施设备条件等。农业农村部农产品质量安全检验检测中心测定结果表明，“京粉1号”生产性能达到国际领先水平。该品种具有开产早、产蛋多、好饲养、抗病力强的特点，140日龄达到50%的产蛋率；90%以上高峰产蛋率可维持9个月以上。适应粗放的饲养环境；育雏、育成成活率97%以上；产蛋期成活率97%以上；高峰期料蛋比（2.0～2.1）：1。

（2）海兰灰　与海兰褐为同一父本，其母本为单冠白来航。海兰灰的商品代初生雏鸡全身绒毛为鹅黄色，有小黑点成点状分布全身，可以通过羽速鉴别雌雄，成年鸡背部羽毛成灰浅红色，翅间、腿部和尾部成白色，皮肤、喙和胫的颜色均为黄色。商品代生产性能指标为1～18周龄成活率为98%，饲料消耗为5.66kg，体重为1.42kg；21～72周龄151天产蛋率达50%，高峰产蛋率为93%～94%，32周蛋重为60.1g，70周蛋重为65.1g；72周龄饲养日产蛋总重19.1kg；日耗料105g，料蛋比2.16：1，蛋壳颜色粉红。

（二）地方典型品种

地方品种是在育种技术水平较低，无明确的育种目标，没有经过有计划的系统选种、选育的情况下，在某一地区长期饲养后形成的品种。其特点是生产性能较低、体形外貌不一致、生活能力强、耐粗饲。

1. 仙居鸡

仙居鸡属于蛋用型地方品种，主产区在浙江省仙居县及邻县，多分布在浙江东南部地区，外省也有引种。开产日龄150～180天，年均产蛋160～180枚，最高产鸡可达200枚以上，蛋重42g左右；就巢母鸡一般占鸡群10%～20%；成年母鸡体重1.25kg；蛋壳以浅褐色为主。

2. 寿光鸡

寿光鸡属于肉蛋兼用型地方鸡种，原产于山东寿光的稻田区慈家、伦家一带，也称“慈伦鸡”。大型成年公鸡平均体重3.8kg，母鸡3.1kg。初产日龄为240～270天，年产蛋量90～100枚，蛋重70～75g；小型成年公鸡平均体重3.6kg，母鸡2.5kg，年产蛋量120～150枚，蛋重60～65g，蛋壳为红褐色。

3. 固始鸡

固始鸡属于蛋肉兼用型地方鸡种，原产于河南省固始县，主要分布于沿淮河流域以南、大别山脉北麓的商城、新县、淮滨等10个县、市，安徽省霍邱、金泰等县也有分布。母鸡常在160天开产，年产蛋为122～222枚，平均蛋重51.43g，蛋黄呈鲜红色。成年公鸡体重2.47kg，母鸡1.78kg。

4. 北京油鸡

北京油鸡属于肉蛋兼用型地方鸡种。原产于北京北侧安定门和德胜门外一带。北京油鸡的生长速度较为缓慢，屠体皮肤微黄，肉质细腻，肉味鲜美。其初生重为38.4g，4周龄重为220g，8周龄重为549.1g，12周龄重为959.7g，16周龄重为1228.7g，20周龄的公鸡为1500g、母鸡为1200g。 开产日龄170天，年产蛋量120枚，蛋重54g，蛋壳颜色为淡褐色，部分个体有就巢性。

5. 东乡绿壳蛋鸡

东乡绿壳蛋鸡属蛋肉兼用型鸡种，产于江西省东乡县。为保护该鸡种成立了江西省东乡黑羽绿壳蛋鸡原种场。成年公鸡体重1655g，母鸡体重1307g。成年鸡屠宰后公鸡半净膛率为78.4%，母鸡为81.8%；公鸡全净膛率为64.5%，母鸡71.2%。开产日龄152天，500日龄产蛋160～170枚，蛋重50g，蛋壳呈浅绿色。

二、问题探究

1. 现代蛋鸡品种有什么优势?
2. 为什么我国许多省份都饲养地方品种?

三、资源链接

蛋鸡品种选择
微课

任务实施

规避风险提示

40周龄时的生产性能可作为蛋鸡品种选择的重要参考。

一、现代常见蛋鸡品种的认识

1. 常见白壳蛋鸡品种的认识

配图	品种名称	识别依据
	京白904	其体型小而清秀，全身羽毛白色而紧贴，冠大鲜红，公鸡冠厚而直立，母鸡冠薄而倒向一侧。杂交鸡的突出特点是早熟、高产、蛋大、生活能力强、饲料报酬高
	京白938	为白壳蛋鸡，能羽速自别雌雄，生产性能优于京白904
	海赛克斯白	白羽毛，白蛋壳，商品代雏鸡羽速自别雌雄

配图	品种名称	识别依据
	罗曼白	具有适应性强、产蛋多、耗料少、成活率高的特点

2. 常见褐壳蛋鸡品种的认识

父母代配图	商品代母鸡配图	品种名称	识别依据
		京红1号	利用羽色的显隐性基因（银色对金色为显性）伴随性别进行遗传来鉴别雌雄。父母代褐壳蛋鸡银白色绒羽为母鸡
		海兰褐	利用羽色的显隐性基因（银色对金色为显性）伴随性别进行遗传来鉴别雌雄。父母代褐壳蛋鸡金黄色绒羽为公鸡
		海赛克斯褐	利用羽色自别雌雄，具有耗料少、产蛋多和成活率高的特点
		罗曼褐	银白色绒羽为公鸡

3. 两种粉壳蛋鸡品种的认识

父母代配图	商品代母鸡配图	品种名称	识别依据
		京粉1号	羽毛颜色从灰白色至红色，多杂黑斑，皮肤黄色
		海兰灰	成年鸡背部羽毛呈灰浅红色，翅间、腿部和尾部呈白色，皮肤、喙和胫的颜色均为黄色，可以通过羽速鉴别雌雄

二、地方典型品种的认识

配图	品种名称	识别依据
	仙居鸡	羽色较杂，但以黄色为主，颈羽色较深，黑尾，翼羽半黄半黑
	寿光鸡	全身黑羽并有光泽，红色单冠，眼大灵活，虹彩呈黑色或褐色，喙为黑色，皮肤白色。体大脚高，骨骼粗壮，体长胸深，背宽而平，脚粗
	固始鸡	体躯呈三角形，羽毛丰满，单冠直立，六个冠齿，冠后缘分叉，耳垂呈鲜红色，眼大有神，喙短呈青黄色。公鸡毛呈金黄色，母鸡以黄色、麻黄色为多

配图	品种名称	识别依据
	北京油鸡	多数个体具备羽黄、喙黄、胫黄的“三黄”特征，此外，还具有冠羽、胫羽和趾羽（部分个体），不少个体下颌或颊部有髯须，故称为“三羽”特征，即有凤头、毛腿和胡子嘴
	东乡绿壳蛋鸡	羽毛黑色，喙、冠、皮、肉、骨、趾均为乌黑色。母鸡单冠，头清秀。公鸡单冠，呈暗紫色，肉垂深而薄，体型呈菱形

学业评价

“蛋鸡品种的选择”学业考核评价表

专业班级:____________　　姓名:__________　　考核时间:____________

评价方式	考核内容		评分标准	配分	得分	备注
自我评价（15%）	必备知识	现代蛋鸡品种的认识	了解4种白壳蛋鸡品种名称及主要生能性能，计4分；了解4种褐壳蛋鸡品种的名称及主要生产性能，计4分；了解2种粉壳蛋鸡品种及主要生产性能，计2分	10		通过平台进行自我评价
		地方典型品种认识	熟悉5种以上地方品种及其主要特点，计5分	5		
教师学业评价（50%）	任务实施	现代常见蛋鸡品种的认识	随机抽取图片，能认识2种白壳蛋鸡品种，计4分，能说明主要外貌特征，计6分；随机抽取图片，能认识2种褐壳蛋鸡品种，计4分，能说明主要外貌特征，计6分；随机抽取图片，能认识2种粉壳蛋鸡品种，计4分，能说明主要外貌特征，计6分	30		通过观察图片或观看视频
		地方典型品种的认识	随机抽取图片，能认出4种地方品种，计4分；能说明其主要外貌特征，计16分	20		

续表

评价方式	考核内容		评分标准	配分	得分	备注
学生互评（35%）	学习过程考核	课前	参加学习资源准备，计5分；完成预习任务，计5分；参与课前讨论，计5分	15		组内互评
		课中	严格遵守课堂纪律，计2分；有秩序地实施任务，并按时完成，计3分；积极参加问题探究，计2分；能较好地分析问题，计3分；配合组长列出蛋鸡品种特征，计2分；在线抢答问题且答案正确，计3分	15		组间互评
		课后	能将列出3种世界标准品种名称，计3分；能绘出海兰褐四系配套图谱，计2分	5		组内互评
总计				100		—

注：90分及以上为优秀等级；75～89分为良好等级；60～74分为合格等级；60分以下为不合格。

课后拓展

- 学习世界标准品种，掌握3种以上品种名称。
- 绘出海兰褐四系配套遗传图谱。

自测练习

1. 现代蛋鸡品种分为________壳、________壳和________壳。
2. 京红1号是________国家培育的蛋鸡品种。
3. 现代褐壳蛋鸡品种均可以通过________鉴定雌雄。

任务二 育雏准备

学习目标

知识目标

1. 了解雏鸡的生理特点。
2. 理解立体育雏笼的优势。
3. 熟悉育雏准备工作。

技能目标

1. 掌握育雏舍面积及数量计算。
2. 会进行育雏舍程序化消毒。
3. 能列出育雏期间所需药品和疫苗清单。

素养目标

1. 通过对雏鸡生理特点的了解，思考应采取对应的饲养管理举措，培养创新意识和创新精神。
2. 通过对育雏舍消毒的劳动过程，懂得吃苦耐劳是一种优良品德，培养劳动精神。
3. 在准备药品和疫苗的过程中，树立“防重于治”的养殖理念，培养防患于未然的意识。

任务描述

育雏的准备工作十分重要，是育雏成活率的重要影响因素，为了达到预期的育雏效果，我们将按照图2-3和图2-4所示的内容完成学习任务。

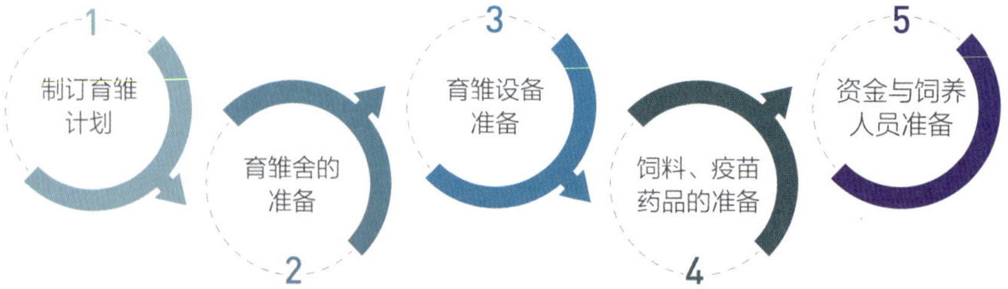

图2-3 “育雏准备”实施环节

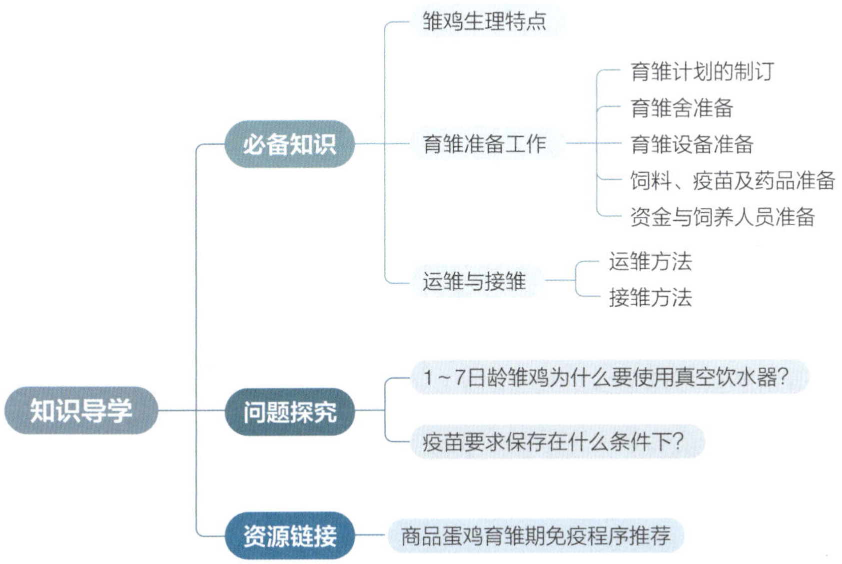

图2-4　“育雏准备”知识思维导图

课前准备

一、学习资源准备

通过网络获取NY/T 1620—2016《种鸡场动物卫生规范》。

二、完成预习任务

1. 阅读学习相关资源，了解无窗鸡舍的优势。
2. 查阅什么是智能化养鸡的资料。

三、完成课前讨论

1. 完成《学情分析表》(附录一)。
2. 在线提出预习中存在的问题，并进行相关讨论。

知识链接

一、必备知识

（一）雏鸡生理特点

幼雏体温较低，体温调节机能不完善；雏鸡生长迅速，代谢旺盛；消化系统发育不健全；幼雏羽毛生长快、更换勤；抗病能力差，发病快，死亡率高；敏感性强；初期易脱水。

（二）育雏准备工作

1. 育雏计划的制订

为防止盲目生产，提高养殖效益，育雏前需制订周密的育雏计划，包括育雏时间、饲养品种、育雏数量、供雏单位等。

（1）育雏时间　决定育雏时间时要考虑两方面因素，一是鸡舍密闭程度，是否有窗户；二是预测鸡蛋（产品类）销售的旺季来逆向推理出最佳的育雏时间。

（2）饲养品种　据本地人的喜好和消费习惯来决定饲养的品种，同时还可以参考采购商经营的禽产品深加工项目而定，若采购商经营的是茶叶蛋，则重点考虑饲养产蛋数量多的品种。

（3）育雏数量　育雏数量受多种因素制约，具体确定时要考虑以下问题：一是分析房舍及设备条件，全年生产计划与经营目标等；二是评估主要负责人的经营能力及饲养管理人员的技术水平，初步确定劳动定额或预算劳动力成本；三是分析饲料成本，计算所需饲料的费用；四是分析水、电、燃料及其他物资是否有保证，初步预算各项支出与采购渠道等；五是预测禽产品销售情况，以销定产。根据以上综合因素确定育雏数量。

（4）供雏单位　供雏单位是指孵化厂或种禽企业。要考虑种蛋的来源、孵化厂供雏能力、孵化水平和供雏单位的信誉等。

2. 育雏舍准备

（1）育雏舍面积及数量计算　采用立体笼养，每平方米饲养34只雏鸡，依据饲养鸡只数计算鸡舍总面积。然后确定现有鸡舍的数量。

（2）鸡舍的消毒　对于连续使用的育雏舍需要有7～10天的停养期，在停养期中进行严格的消毒。消毒程序可归纳为五个步骤：清扫消毒、冲洗消毒、粉刷消毒、火焰消毒和熏蒸消毒。

（3）散味预温　在进雏前2～3天，打开消毒舍，开启门窗，提高舍温，使甲醛气体尽量挥发掉。增温时，使舍温达到育雏要求温度标准（一般近热源处35℃，舍内其他地方32～35℃），观察室内温度是否均匀、平稳，加热器的控制元件是否灵敏，温度计的指示是否正确，供水是否得到保证。

3. 育雏设备准备

（1）育雏笼　一架育雏笼常为四叠层式，每层分两小笼，共8个小笼，至6周龄时1架育雏笼可饲养雏鸡200只。可根据饲养雏鸡总数计算出育雏笼需求数量，另备机动笼1～2个。

（2）料槽　雏鸡1～7日龄在育雏笼内使用开食盘，其直径为30～40cm，高2cm，一个开食盘可供40～50只雏鸡使用。雏鸡7～42日龄使用长形饲料槽，多为硬质塑料制成，常平行地挂在育雏笼外的两侧。槽底有V型和U型两种，面向鸡一侧的槽口略高2cm，可作为挡料板防止鸡刨料。

（3）饮水器　1周龄前的雏鸡均使用真空饮水器，7～42日龄使用乳头饮水器，即每小笼内有2～3个乳头，乳头饮水器上端接水管（一般为软管）横穿在笼内，高度为鸡抬头能饮到水的位置，而小型鸡场多使用V形或U形水槽，槽长与笼长相等。

（4）舍内环境控制设备　最先进的鸡舍采用智慧环境控制系统，主要由智慧养殖云平台、采集传感器、智能控制器等部分组成。实现对鸡舍的综合监控，包括温度、湿度、二氧化碳浓度、氧气浓度、光照强度等环境信息及监控视频，并对其进行灵活控制。非智能化鸡舍常用控温设备、照明设备和通风设备来控制鸡舍的环境条件。

①控温设备：使用电热育雏笼、热风炉或暖气，个体户可以采用烟道式采暖设备，有条件的鸡场设置智能控温系统。

②照明设备：要求舍内灯线分布合理，灯距地面高度为2m，灯距为灯高的1.5倍。灯具常用节能灯，有条件的需配备鸡舍光照仪。

③通风设备：智能化鸡场采用联合式通风，大型鸡场采用纵向通风，小型鸡场采用横向通风。此外，每舍中应备有充足的防疫用具、清扫用具等。若鸡舍机械化程度不高，还要备有上料用具、清粪用具、消毒用具。

4. 饲料、疫苗及药品准备

育雏前6周内，每只鸡消耗1.6～1.8kg饲料，最好一次性备好育雏期所需全部饲料。采购饲料时可选用30%的浓缩料或5%的预混料，另购相应的原料。

事先准备好本场常用疫苗，如新城疫疫苗、法氏囊疫苗和传染性支气管炎疫苗（H52和H120）等。药物主要备好抗白痢药，预防球虫病药和抗应激药物（如电解多维），其他兽药用时现购。同时，要准备多种低毒的环境消毒剂、带鸡消毒剂和用具消毒剂等。

5. 资金与饲养人员准备

饲养人员的数量应根据鸡舍机械化智能化程度、雏禽饲养数量和配套服务能力而定，若配有乳头饮水器，自动控温设备，有专门的防疫队服务时，饲养6000只的鸡舍，每舍只需2名饲养员。

（三）运雏与接雏

1. 运雏方法

（1）使用专用雏盒运输，该雏盒的特点为：一是用瓦楞纸制成，具有抗挤压性能；二是盒的侧面设有通风口，可保证雏鸡运输过程中获得新鲜空气；三是每盒可装100羽鸡苗，便于清点与交接。

（2）运输车辆在装鸡苗前要消毒。车板平面要喷洒消毒，其他部位喷雾消毒，消毒剂可选择无刺激性药物，如百毒杀等。运输车辆最好为专用运雏车或带有空调设备的运输车。

（3）雏盒在车内码放时，每行间要留出空隙，保证空气流通。

（4）运雏车内应备有温度计，确保运输过程中有效调控温度，运输过程中，冬季车内温度控制在28℃为宜（由于鸡苗装在雏鸡盒内密度大，局部产热高，因而身体感受温度要比温度计所测到的高3～4℃），开车通风时，严禁将风直接吹到鸡体上。目前，我国已有雏禽专用运输车，该车除具备普通厢式车防雨、防盗、防尘等功能外，厢体内有通风装置和加热装置，可通风、加热、换气以保证雏鸡适宜的环境温度和充足氧气。

（5）运输前向鸡苗供应单位索要活禽检疫证明。

（6）同一车辆（飞机）严禁运输不同品种的家禽。

（7）雏鸡装车越快越好。夏季因特殊情况需停车时，车应停放在阴凉处并通风降温，防止雏鸡脱水死亡。无论运输距离多远，出壳后应在36h内运到，超过48h就会有不同程度的损失。

（8）航空运输时，航空公司工作人员在收运货物时，需对照“活体动物国内运输收运检查单”里标注的二十多个项目，逐项检查货物的包装、检疫证明、运输事项、货物特性、航程安排等是否符合要求。若有一项不符合要求都不能运输。航空运输费较高，因此祖代种鸡运输时方可使用。火车运输鸡苗时要求货主在运雏车厢中押运鸡苗。汽车运输鸡苗时要求行走平坦的路，严禁急刹车或急拐弯。

2. 接雏方法

雏鸡到达目的地后要求押运人员同饲养员共同御车，主要是保证御车迅速、交接后责任清楚。御车后先将运雏盒“一字形”摆放到各育雏笼对应的地面上，再由饲养员及时将雏鸡放入育雏笼内。严禁长时间在舍内叠层摆放运雏盒，避免雏鸡在高温舍内造成缺氧窒息死亡。

二、问题探究

1. 1～7日龄雏鸡为什么要使用真空饮水器?
2. 疫苗要求保存在什么条件下?

三、资源链接

商品蛋鸡育雏期
免疫程序推荐

任务实施

规避风险提示

畜舍消毒时注意操作安全。

一、育雏计划的制订

1. 育雏时间的选择

选择适宜的育雏季节，同时还要考虑蛋鸡产蛋高峰期的产品销售能力。

2. 饲养品种

选择产蛋性能好、适应性强、蛋产品受消费者欢迎的蛋鸡品种。

3. 育雏数量

按经济条件、设备条件及市场预测情况而定。

4. 订购雏鸡

提前3个月向孵化厂订购雏鸡，并签订购雏合同。

二、育雏舍准备

1. 鸡舍数量准备

（1）鸡舍总面积计算　采用立体笼养，每平方米饲养34只雏鸡，通过饲养鸡只总数计算所需鸡舍总面积。

（2）鸡舍数量计算　一般情况下，小型鸡舍跨度为6～10m，舍长为30～60m；机械化鸡场跨度较大，一般为12m，舍长为70～80m；智能化鸡舍其跨度更大，一般为15～20m，舍长可达100m。因此，若已知鸡舍总面积，通过计算所选鸡舍1栋的面积，即得出所需该鸡舍数量。

2. 鸡舍消毒操作

第一道程序——清扫消毒（第1天）

清洁部位：天棚、墙体、地面、门窗、鸡笼及饲槽。

预期效果：除去灰尘、笼具粪渣、地面和饲槽污垢。

清洁用具：高压水枪、扫帚、板锹、清洁刷等。

清洁程序：去尘→除污→冲洗→去渍→冲洗。

清洁时间：实际操作时，4人操作，用时1天。

第二道程序——冲洗消毒（第2天）

清洁部位：天棚、墙体、地面、门窗、鸡笼及饲槽。

消毒药品：30g/L氢氧化钠（工业氢氧化钠）溶液、0.5%过氧乙酸。

消毒用具：高压水枪。

消毒操作：第1轮工作用3%热氢氧化钠溶液冲洗10～20min，停留20min；第2轮工作用清水冲10～20min，停留20min；第3轮工作用0.5%的过氧乙酸冲洗10～20min。

消毒时间：实际生产中4人操作，用时4h，然后打开门窗及通风孔道，约20h（白+夜）。

第三道程序——粉刷消毒（第3天上午）

粉刷涂料：100～200g/L氢氧化钙溶液。

粉刷用具：喷液器或滚刷。

粉刷顺序：堵孔洞、刷天棚、刷墙体。

第四道程序——火焰消毒（第3天下午）

消毒部位：地面、鸡笼、1.2m高的墙裙。

消毒用具：火焰喷枪。

消毒要求：每个部位扫射法消毒，保证3s以上时间。

第五道程序——熏蒸消毒（第3天傍晚）

（1）畜舍熏蒸消毒用药剂量计算（表2-1）

表2-1　畜舍熏蒸消毒用药剂量计算

畜舍状况	福尔马林用量/（mL/m^3）	高锰酸钾用量/（g/m^3）
未使用过的畜舍	14	7
未发疫病畜舍	28	14
已发疫病畜舍	42	21

（2）操作过程

①先将窗户用塑料布、板条、钉子密封好，通风口堵好，然后将门密封但留出人行出口。

②用取暖设备将舍温升至25℃，用40℃水喷雾使舍内相对湿度升至80%。

③将福尔马林平均放入5～7个消毒器皿中（要求体积为福尔马林容量的2倍），置于鸡舍不同的过道上，然后每个器皿旁配置1名操作人员，当准备就绪后，由距离门最远的工作人员开始操作，依次向器皿内放入用纸兜好的高锰酸钾后迅速撤离，待最后一位工作人员将高锰酸钾放入消毒器皿后，所有工作人员均已撤离至门口，待工作人员全部撤出后，将舍门关严并封好塑料布。

④密封3～7天。

三、育雏设备准备

<table>
<tr><th>配图</th><th colspan="2">设备名称</th><th>设备用途</th></tr>
<tr><td>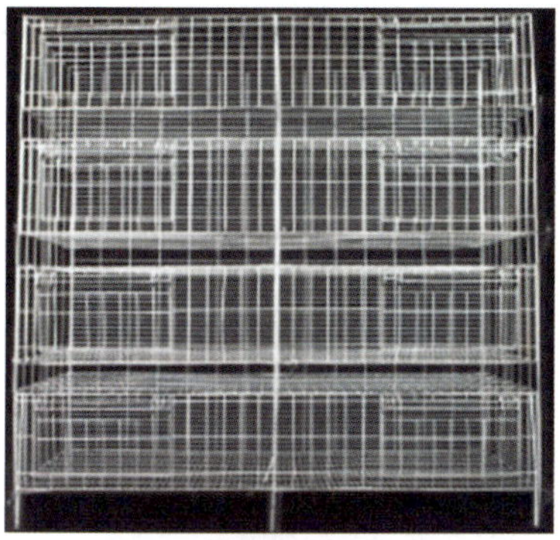</td><td colspan="2">育雏笼</td><td>每笼四层，8个小笼，共育雏200只，背对背平行摆放，笼具与鸡舍墙端相距2m左右，过道宽为1～1.5m</td></tr>
<tr><td></td><td rowspan="3">料槽</td><td>开食盘</td><td>用于鸡雏1～7日龄采食所需。每笼1个</td></tr>
<tr><td>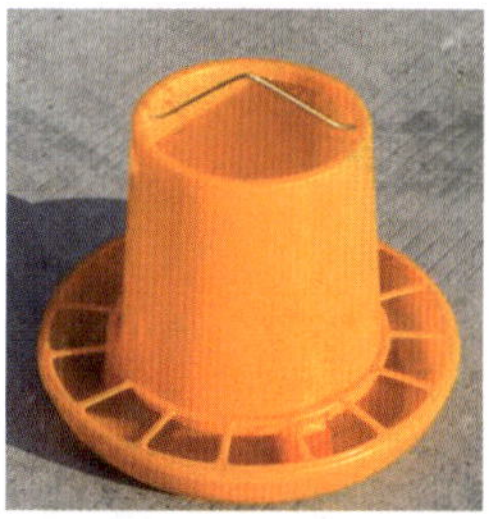</td><td>料桶</td><td>平养的情况下，7日龄后可用料桶，每笼1个，每个容量1.5kg</td></tr>
<tr><td></td><td>U形料槽</td><td>7日龄（4日龄开始放入，便于适应与过渡）开始利用料槽，适应后撤掉开食盘，用至育雏期结束。长度与鸡笼相同</td></tr>
<tr><td>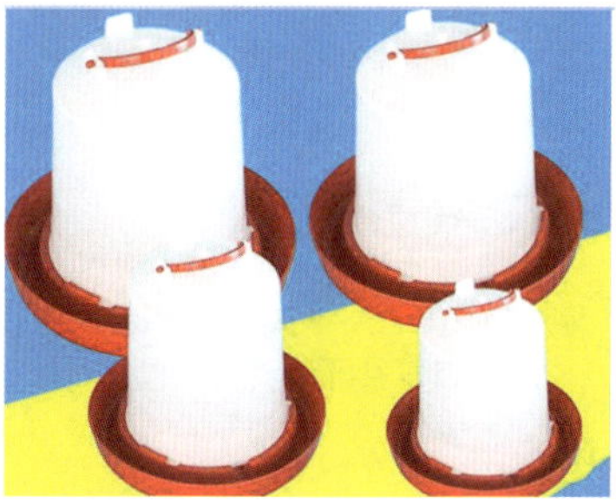</td><td>饮水器</td><td>真空饮水器</td><td>用于鸡雏1～7日龄饮水所需。常用容量为1kg的真空饮水器</td></tr>
</table>

配图	设备名称		设备用途
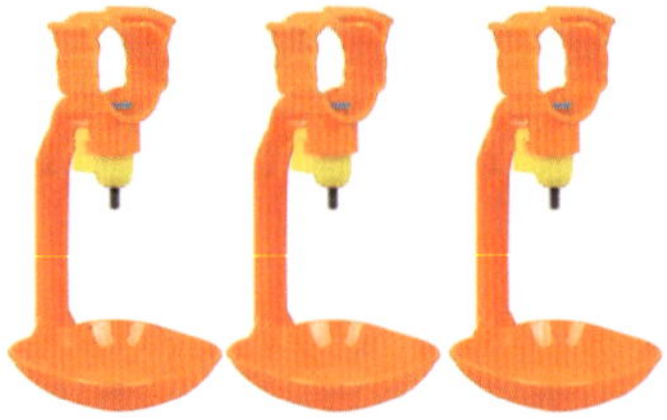	饮水器	乳头饮水器	7日龄（4日龄开通便于适应）开通乳头饮水器，撤掉真空饮水器，用至育雏期结束
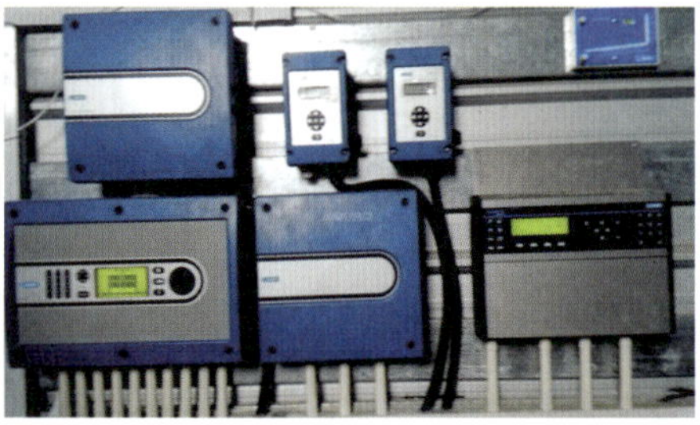	环境控制设备	自动控温、控湿、控光、控制空气质量	智慧鸡舍环境控制系统
		电子育雏笼	电子育雏笼有加热笼和常温笼，鸡可以自由出入寻找适温环境
		暖水炉	暖水炉的管道通向鸡舍内，安装数量充足的暖气片进行立体笼养供暖；若平养肉用仔鸡，暖水炉则配合地热管或用暖气加保温伞进行育雏
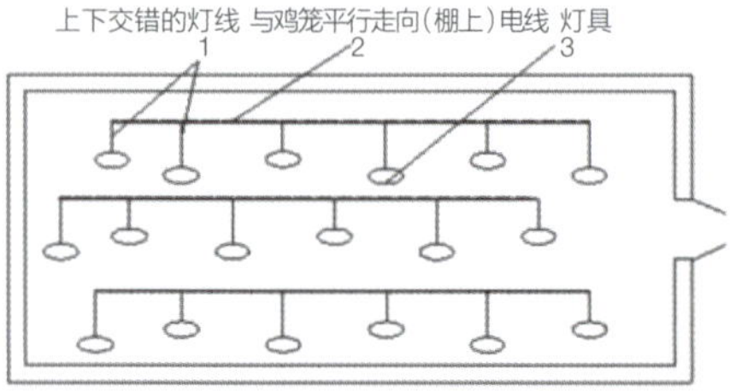	照明设备	灯具	鸡舍设置灯具要求舍内灯线分布合理，灯距地面高度为2m，灯距为灯高的1.5倍。灯具常用节能灯

配图	设备名称		设备用途
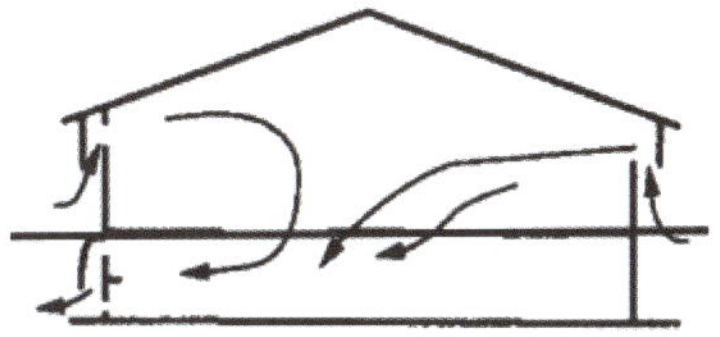	通风设备	联合式通风	智能化鸡场采用联合式通风，从屋檐下方侧壁正压进风，从粪池下方负压排风
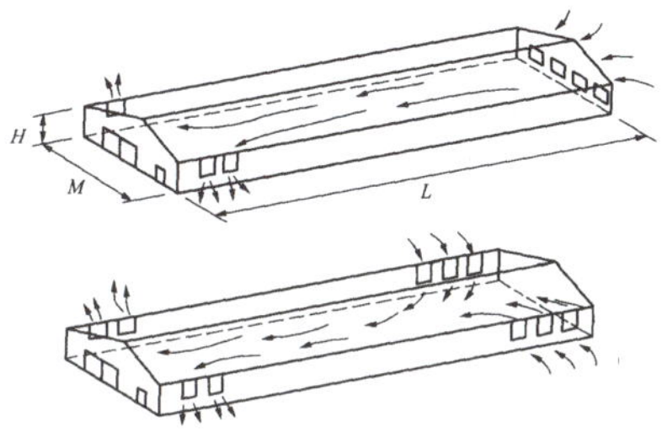		纵向通风	大型鸡场采用纵向通风方式，即在鸡舍两个端墙上各设有2台直径为1.2～1.5m的风机
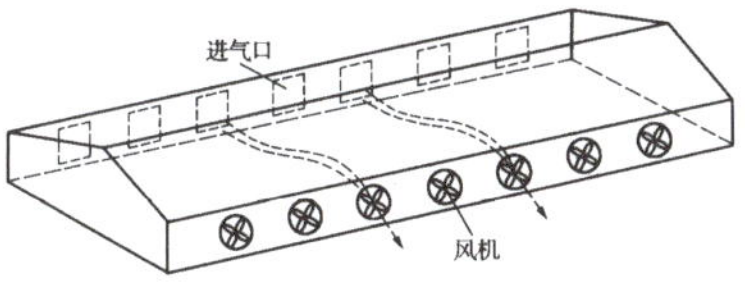		横向通风	小型鸡场选用横向通风，轴流式风机安装在前后墙上并交错排列

四、饲料、疫苗及药品准备

配图	准备项目	准备数量
	饲料	进雏前1周备好育雏期（6周）全程饲料，每只鸡按1.6～1.8kg饲料进行准备，可采购30%的浓缩料或5%的预混料后配合成全价粉状饲料
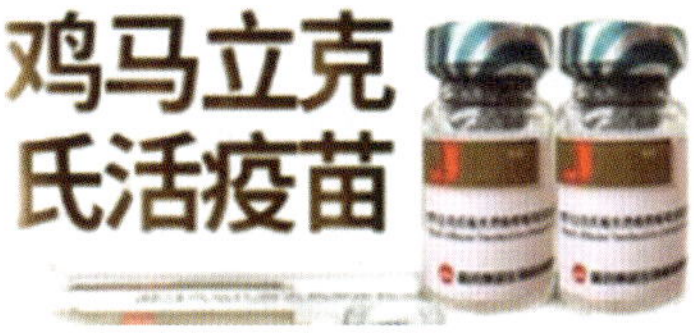	疫苗	疫苗种类按免疫程序进行准备，要求准备同一个厂家、同一个批号的疫苗，一次购入并按要求保存
	药品	准备抗白痢药、预防球虫病药、抗应激药物（如电解多维）、营养添加剂和多种低毒的环境消毒剂、带鸡消毒剂和用具消毒剂等

五、资金与饲养人员准备

按应用5%预混料对10万只海兰褐商品蛋鸡场进行养殖成本核算或应用30%浓缩料对10万只海兰褐商品蛋鸡场进行养殖成本核算进行准备资金。需要说明的是，当产蛋率达60%时，则产蛋收入与饲养成本相持平，此时不需要再投入流动资金。

应用5%预混料成本核算

应用30%浓缩料成本核算

饲养人员的数量与鸡舍机械化和智能化程度有关。如果配备了乳头饮水器、自动控温系统及专职防疫队，则饲养6000只鸡需2名饲养员。

学业评价

“育雏准备”学业考核评价表

专业班级:____________　　姓名:__________　　考核时间:____________

评价方式	考核内容		评分标准	配分	得分	备注
自我评价（15%）	必备知识	雏鸡生理特点	熟记雏鸡生理特点，计3分，每少1个扣0.5分	3		通过平台在线进行自我评价
		育雏准备	熟记育雏准备项目及具体准备的内容，计10分，每少1个扣2分	10		
		运雏与接雏	了解运雏的要求，计1分；掌握接雏方法，计1分	2		
教师学业评价（50%）	任务实施	育雏计划的制订	能选择育雏品种，计2分；能确定订雏时间，计2分；能确定订雏数量，计2分；会拟定购雏合同，计2分	8		按任务达成程度进行评价
		育雏舍准备	能计算育雏舍面积，计2分；能估测鸡舍数量，计2分；能列出雏舍消毒步骤，计6分；会进行散味预热，计2分	12		
		育雏设备准备	能制订育雏设备准备名称，计14分，每少一项扣2分	14		
		饲料、疫苗及药品准备	能选择合适的饲料、疫苗和药品，计6分；每少一项扣2分	6		
		资金与饲养人员准备	会依据两种饲料，分别预测所需流动资金，计8分；能计算饲养人员数量，计2分	10		

续表

评价方式	考核内容		评分标准	配分	得分	备注
学生互评（35%）	学习过程考核	课前	参加学习资源准备，计5分；完成预习任务，计5分；参与课前讨论，计5分	15		组内互评
		课中	严格遵守课堂纪律，计2分；有秩序地实施任务，并按时完成，计3分；积极参加问题探究，计2分；提出有意义的问题，计3分；完成小组分配的任务，计2分；在线抢答问题且答案正确，计3分	15		组间互评
		课后	能按要求拟定完整的育雏准备方案，计5分	5		组内互评
总计				100		—

注：90分及以上为优秀等级；75～89分为良好等级；60～74分为合格等级；60分以下为不合格。

课后拓展

- 按任务内容，设计育雏准备的可行性实施方案。
- 网上查询育雏新设备，并传至学银在线平台作业栏中。

自测练习

1. 鸡舍消毒包括________、________、________、________和________五道程序。
2. 智能鸡舍若饲养6000只雏鸡，常常需要________名饲养员。
3. 订购鸡雏最好提前________月预订。
4. 育雏常使用________立体笼具。
5. 育雏全程需准备________kg饲料。

任务三 按规程进行雏鸡饲养管理操作

学习目标

知识目标

1. 熟悉初饮和开食要求。
2. 掌握雏鸡饮水营养液的作用。
3. 掌握育雏舍内环境条件的卫生标准。
4. 掌握雏鸡管理的“五观察”和“八定时”的内容。
5. 熟悉雏鸡的免疫方法。

技能目标

1. 能依据鸡群的分布图判断舍内温度是否适宜。
2. 会进行雏鸡断喙操作。
3. 会设计顺季和逆季鸡舍的光照方案。
4. 会进行雏鸡免疫接种操作。

素养目标

1. 在学习雏鸡饮水技术时，了解水资源概况及中国部分省份严重缺水情况，树立节水意识和绿色发展理念。
2. 通过体验昼夜护理雏鸡工作，培养敬业精神和劳动精神。
3. 通过对育雏舍温度的严格把控，培养一丝不苟的工作作风。

任务描述

育雏工作是蛋鸡饲养管理的基础，对雏鸡的成活率、控制体重、预防疾病十分重要。因此，必须按规程对雏鸡进行饲养管理操作和免疫接种，我们将按照图2-5和图2-6所示的内容完成学习任务。

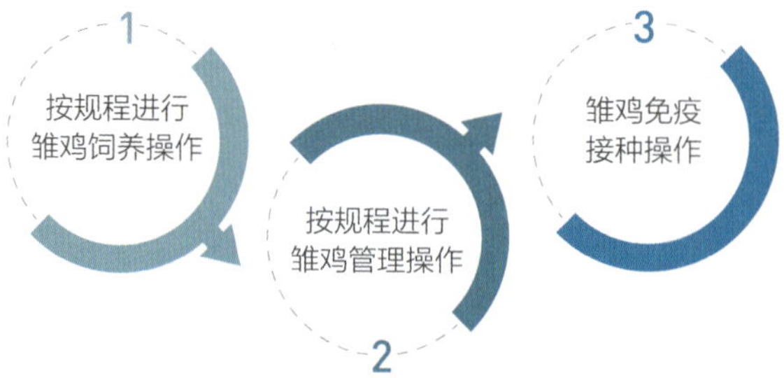

图2-5 “按规程进行雏鸡饲养管理操作”实施环节

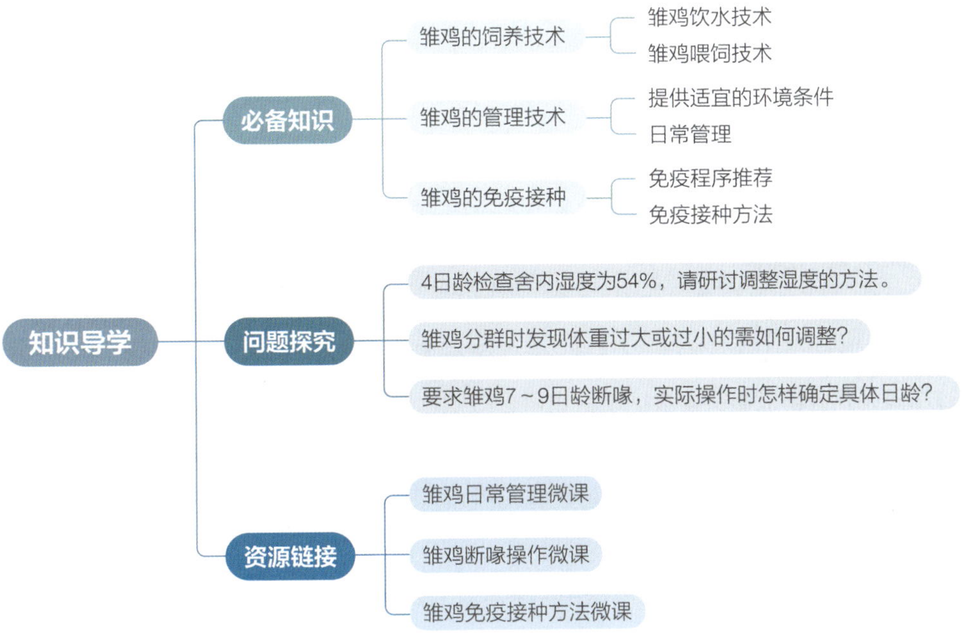

图2-6 “按规程进行雏鸡饲养管理操作”知识思维导图

课前准备

一、学习资源准备

通过网络获取NY/T 5038—2006《无公害食品　家禽养殖生产管理规范》。

二、完成预习任务

1. 阅读学习相关资源，了解雏鸡培育标准。
2. 查阅进入雏鸡舍前人员如何进行消毒。

雏鸡培育标准评价

三、完成课前讨论

1. 完成《学情分析表》(附录一)。
2. 在线提出预习中存在的问题，并进行相关讨论。

知识链接

一、必备知识

（一）雏鸡的饲养技术

1. 雏鸡饮水技术

（1）初饮　雏鸡首次饮水习惯上称为“初饮”，要求雏鸡出壳后24h内开始初饮。为让雏鸡尽快学会饮水，可轻轻抓住雏鸡头部，将其喙按入水中2s左右，连按2～3次即可，每100只雏鸡教5只，则全群能很快学会饮水。也可轻敲饮水器边缘，吸引雏鸡到此以便找到水源。

（2）饮水营养液的应用　饮水营养液的配方可根据雏鸡状态进行调配。饮水营养液具有增进饮欲、迅速补充体内能量、防止雏鸡脱水、弱雏扶壮、抗运输应激、预防白痢病等作用。

（3）日常饮水　雏鸡12日龄后饮用自来水，乳头饮水器高度以鸡伸头能饮到水为宜。

2. 雏鸡喂饲技术

（1）雏鸡的开食　第一次饲喂雏鸡称开食，适宜的开食时间为初饮后的2～3h。开食时最好使用开食盘，每个育雏笼1个，也可以直接将饲料撒于反光性强且已消毒的硬纸或塑料布上。由于雏鸡先天有觅食习性，因此开食比饮水容易训练。

（2）日常喂饲　根据雏鸡的消化特点，喂料时要少喂勤添。1周龄时昼夜间隔，每隔3h喂一次，以后夜间不喂，白天每4h喂1次。随着雏鸡的生长，4天时加设笼外料槽，雏鸡习惯后撤掉开食盘。2～3周使用幼雏料槽，3～6周使用中型料槽，6周以后改用大型料槽。每只雏鸡需4cm的采食槽位，料槽高度与鸡背等高能减少饲料浪费和保持料槽清洁。料槽要充足，喂料时尽可能让雏鸡同时采食，每次喂料时间为45～60min。雏鸡饲喂量因品种而异，具体喂料量要参考饲养手册中周龄末耗料标准。蛋鸡育雏期营养需要建议详见表2-2。

表2-2　蛋鸡育雏期营养需要建议

营养素	育雏期（0～6周龄）	
	白壳蛋鸡	褐壳蛋鸡
粗蛋白/%	18.0	19.0
钙/%	1.0	1.0
有效磷/%	0.45	0.48
甲硫氨酸/%	0.30	0.45
甲硫氨酸＋胱氨酸/%	0.60	0.80
赖氨酸/%	0.85	1.05

续表

营养素	育雏期（0~6周龄）	
	白壳蛋鸡	褐壳蛋鸡
维生素A /（IU/kg）	1500	15000
维生素D_3 /（IU/kg）	200	3000
维生素E /（mg/kg）	10	20
维生素K_3 /（mg/kg）	0.5	2.0
维生素B_1 /（mg/kg）	1.8	1.2
维生素B_2 /（mg/kg）	3.6	5.0
维生素B_6 /（mg/kg）	3.0	3.0
维生素B_{12} /（mg/kg）	0.009	0.020
泛酸 /（mg/kg）	10	10
烟酸 /（mg/kg）	27	60
叶酸 /（mg/kg）	0.55	0.50
生物素 /（mg/kg）	0.15	0.10
氯化胆碱 /（mg/kg）	300	500
锰 /（mg/kg）	60	60
锌 /（mg/kg）	40	50
铁 /（mg/kg）	80	50
铜 /（mg/kg）	8	5
碘 /（mg/kg）	0.35	1.00
硒 /（mg/kg）	0.15	0.20

（二）雏鸡的管理技术

1. 提供适宜的环境条件

（1）温度　育雏温度参考表2-3。

表2-3　育雏温度　　单位：℃

温度	1~3天	4~7天	2周	3周	4周	5周	6周
育雏器温度	35~33	32	30~28	28~26	26~24	24~21	21~18
育雏舍温度	24	24	22~21	21~18	18	18	18

为方便记忆，总结育雏温度卫生要求为：第一周龄给温为32～35℃，然后每周减3℃，一直减至18℃为止。需注意当雏鸡运输时间较长或出雏时间较长时，1日龄的前4h内要提高1℃（36℃）育雏，随着鸡群活跃后再调至35℃。

温度的调节方法：雏鸡1～7日龄时，若温度偏高，通过增湿降温的方法可使温度下降1～2℃，同时需减少热源数或减少供热燃料；当雏鸡为8日龄以上时，可以通过通风换气的方法来降低舍温。若温度偏低时，需增加热源或增加供热燃料；若有隙间风时，可在来风方向用塑料布遮挡笼具。

（2）湿度　湿度与鸡体内水分蒸发、体热散发和鸡舍环境的清洁卫生密切相关。湿度虽然不像温度要求那样严格，但可与其他环境因子共同发生作用，对雏鸡也会造成很大危害。

育雏前期适宜的湿度为60%～75%。当雏鸡养至10日龄后，尽可能将育雏室的相对湿度控制在55%～65%。

湿度的调节方法：当湿度较小时采用地面洒水、舍内喷雾温水或往墙壁上喷水的方法很快就能提高湿度。但当湿度过大时，很难通过一种措施调节到位，需采取综合控湿措施来解决。具体控湿的措施有：一是加强通风；二是合理使用饮水器具；三是严防供水系统漏水；四是及时清除粪便；五是减少舍内作业用水；六是降低饲养密度；七是用石灰粉等干燥剂辅散潮湿路面。

（3）通风换气　通常要求育雏室内二氧化碳的含量控制在0.5%以内，氨气浓度不能超过20mg/m^3。硫化氢的含量要在6.6mg/m^{3}以下。

（4）光照　光照对鸡的活动、采食饮水、健康和性的发育有密切关系。光照分自然光照和人工光照。按鸡日龄的大小将给光的强度和时间编出应用程序又称为光照方案，不同的鸡舍其光照方案有所不同。

（5）适宜的饲养密度　饲养密度是指每平方米地面或笼底面积上饲养鸡的只数，立体笼养雏鸡的适宜饲养密度见表2-4。

表2-4　立体笼养雏鸡适宜的饲养密度

周龄/周	饲养密度/（只/m^2）
0～1	60
2～3	40
4～5	34
6～7	24

饲养密度因鸡的品种、季节和鸡舍结构不同略有差异。

2. 日常管理

观察鸡群是养鸡最常规的管理工作，只有清楚掌握鸡群的状态才能及时有效地采取应对措施，并通过改善管理方法提高育雏成活率，减少损失。生产中常采用“五观察、八定时”管理鸡群。

（三）雏鸡的免疫接种

严格执行免疫程序，确保免疫及时有效。同时，要熟练掌握雏鸡的各种免疫方法和免疫接种时的注意事项。

1. 免疫程序推荐（表2-5）

表2-5　蛋用雏鸡育雏期免疫程序推荐

日龄/天	疫苗种类	剂量	接种方法
3	新支肾联苗（进口）	1头份/只	点眼
7	新支流H9油苗	0.3mL/只	皮下注射
14	法氏囊弱毒苗	2头份/只	口滴
17	禽流感H5油苗	0.3mL/只	皮下注射
21	法氏囊弱毒苗	2头份/只	饮水
23	小鸡痘疫苗	刺种1针	翼膜刺种
28	新城疫Ⅳ系或克隆30苗	2头份/只	点眼
35	传支H120	2头份/只	饮水
40～50	禽流感H5H9油苗	0.5mL/只	肌肉注射
42	传喉	1头份/只	点眼

2. 免疫接种方法

禽类特有的免疫方法为点眼法和翼膜刺种法。常用的方法有注射法、滴口法、饮水法和气雾法等。

二、问题探究

1. 4日龄检查舍内湿度为54%，请研讨调整湿度的方法。
2. 雏鸡分群时发现体重过大或过小的需如何调整？
3. 要求雏鸡7～9日龄时断喙，实际操作时怎样确定具体日龄？

三、资源链接

雏鸡日常管理微课　雏鸡断喙操作微课　雏鸡免疫接种方法微课

规避风险提示

断喙时注意操作安全；免疫接种时防止漏免。

任务实施

一、按规程进行雏鸡饲养操作

（一）雏鸡饮水操作

1. 初饮时间的确定

雏鸡出壳后24h内开始初饮或接雏入舍后立即初饮。

2. 水质要求

1～7日龄饮用温开水（开水晾至舍温相同），8～11日龄饮用温水（自来水和开水各半），12日龄后换为自来水。

3. 饮水营养液的配制

（1）配方1　5%的蔗糖或葡萄糖+0.1%维生素C。

（2）配方2　8kg温开水+100g白糖+100g液态酸奶+电解多维。

（3）配方3　8kg温开水+100g白糖+恩诺沙星（或其他预防白痢的药物，剂量按说明书添加）+电解多维。

（4）配方4　8kg温开水+恩诺沙星+电解多维。

（5）配方5　8kg温开水+20g甲硫氨酸+10g速补17（或电解多维）+0.4kg葡萄糖（或白糖）+预防白痢的药物。

4. 向饮水器中加水操作

向饮水器瓶中加1/3量的饮水营养液，瓶口向上，拧好水盘，一手握瓶身，一手托水盘，上下方向迅速旋转180°，然后将饮水器摆放在笼具中央，每隔5h换水1次。

5. 诱导雏鸡饮水操作

（1）方法1　用手轻敲饮水器水盘的边缘，引导雏鸡饮水。

（2）方法2　手握雏鸡头部，浸入水盘中，待其饮水成功后，其他雏鸡模仿。

6. 日常饮水

5日龄时引导雏鸡使用乳头饮水器或笼外悬挂的水槽，并训练雏鸡使用新安放的饮水器，8日龄时将育雏笼内的真空饮水器撤掉，雏鸡完全靠乳头饮水器或水槽供水，无需计算日饮水量。若通过饮水方法投药或上疫苗，需提前2～3h断水。

（二）雏鸡喂饲操作

1. 雏鸡开食时间确定

适宜的开食时间为初饮后的2～3h。

2. 开食用具选择

主要使用开食盘，每个育雏笼1个，也可以直接使用喂料桶。

3. 训练开食方法

饲养员用手轻轻敲打食盘，雏鸡顺声而来就会很快找到饲料，当一只鸡开始啄到食物时其他鸡便纷纷模仿，全群很快就学会吃料。

4. 开食饲料处理

前3天的饲料，需拌入1%的乳酸菌素或5%酵母粉用于助消化，注意只喂七分饱。为了使雏鸡尽早地扶壮并及时获得预防白痢的药物，可在开食料中加入适量的饮水营养液，使干粉料变为湿拌料，此法还有利于促进雏鸡的食欲。

5. 日常喂饲

见本任务必备知识相关内容。

6. 日粮配制

大型养鸡场常采购蛋用雏鸡30%浓缩料或5%预混料，按配方进行配料。

二、按规程进行雏鸡管理操作

（一）适宜环境条件的判断

配图	环境条件	经验判断方法
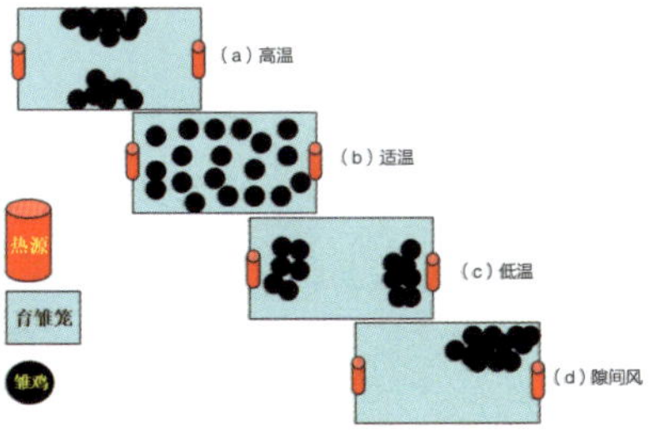	温度是否适宜	温度适宜：分布均匀，嗦囊糜状、睡眠安静。 温度过高：张嘴喘气、远离热源、饮水增多。 温度过低：肢体蜷缩、靠近热源、成群扎堆。 隙间风：鸡群扎堆于背风处

配图	环境条件	经验判断方法
	湿度是否适宜	一看雏鸡的羽毛和脚趾颜色和光泽；二看舍内玻璃或瓷器是否挂有水珠
	通风换气是否良好	以不刺眼、不流泪、不呛鼻、无过分臭味为宜
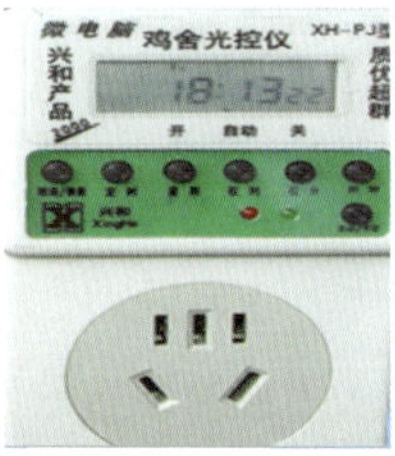	光照是否适宜	无窗鸡舍：1～7日龄光照时间23h，光照强度为20lx；8～14日龄逐渐将光照时间从23h过渡到10h，光照强度为5lx，并持续至6周龄末
	饲养密度是否适宜	适宜的饲养密度：立体笼养，至6周龄时，每小笼饲养25只雏鸡，当雏鸡睡眠时，笼底有1/3未被利用的面积

（二）日常管理工作流程

1.“五观察”管理操作

配图	操作内容	操作方法
	鸡群精神状态与行为表现的观察	观察异常表现：鸡精神不振时，常脱离鸡群，独处一隅或卧地不起，食欲不振，闭眼呆立、羽毛蓬松不洁、翅膀下垂，有啄羽、啄肛、啄趾现象，伴有软脚及传染病典型症状等

配图		操作内容	操作方法
正常 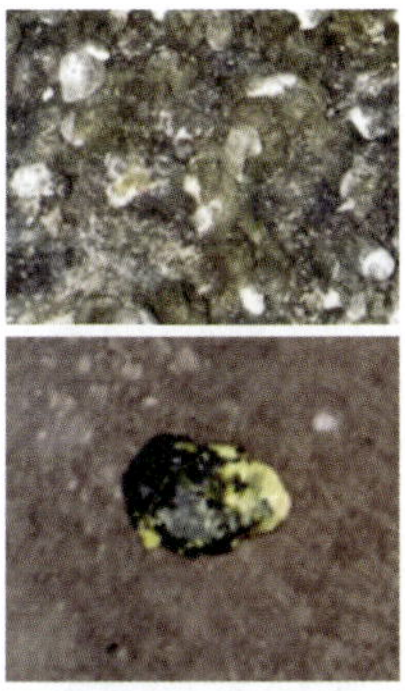	异常 	粪便形态颜色观察	正常粪便：刚出壳、尚未采食的雏鸡排出的胎粪为白色或深绿色稀薄液体；采食后便排圆柱形或条形的表面常有白色尿酸盐沉积的棕绿色粪便；若早晨排出的是盲肠内粪便则呈黄棕色糊状。 异常粪便：水便、白便、绿便、血便等
		环境条件适宜情况观察	温湿度观察：看温湿度表。 通风换气：根据感官来判断，空气有异味但不致使人受刺激或流泪为宜。 观察光照：若灯具分布均匀，无脏或坏的灯具，其亮度偏暗但能看清料槽中饲料的颜色即为适宜。 观察密度：看鸡爬卧休息时是否留有1/3空隙
	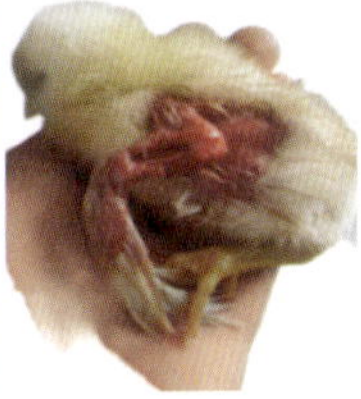	跑鸡或伤鸡原因观察	跑鸡原因：笼具或笼门缝隙过大。 伤鸡原因：笼具的内表面有尖锐物或雏鸡间互啄
		鸡群采食饮水情况观察	上料时观察料槽是否有余料，鸡群食欲状态如何，食槽、饮水器是否够用，高度是否需要调节

2.“八定时”管理操作

（1）定时上料上水　1周龄时每隔3h喂一次，昼夜喂饲间隔时间相同，2周龄后夜间不喂，白天每4h喂1次，间隔4h添一次料，自由饮水（除饮水法免疫）。

（2）定时带鸡消毒　消毒时间为每天早晨；消毒工具多使用高压动力喷雾器，喷雾部位在鸡体上方50cm左右；笼养时消毒顺序由上至下，注意雾滴不要过小。

（3）定时清粪　雏鸡1周后每天清粪1次，时间为15：00左右。

（4）定期称测体重　每1～2周抽测一次雏鸡的体重，随机抽测全群10%。6周龄末逐只称测体重。具体抽测时间为周末早晨空腹时进行。

（5）定时断喙修喙　7～9日龄断喙，12周龄时进行修喙。

（6）定时分群调整饲养密度　按饲养密度要求及时分群，分群时将体重略大些雏鸡放在底层笼中，体重略小的雏鸡放在最上层笼中饲养。

（7）定时通风换气　早春、晚秋或冬季育雏时，每天均在10：00或14：00时通风换气，并预先将鸡舍温度调高1～2℃。

（8）定时做好日常记录　每天填写育雏记录表，见表2-6。

表2-6　育雏记录表

品种					入舍日期				
批次					入舍数量				
转群日期					转群数量				
日龄/天	存栏/只	死亡/只	淘汰/只	成活率/%	耗料量			平均体重/g	用药免疫
					每只耗料/g	总量/kg	累计总耗料/kg		
1 2 3 … 42									

三、雏鸡免疫方法操作

配图	免疫方法	操作过程
	点眼法（滴鼻）	先将小鸡拿在手里，让其脸部朝上，拿起滴管，垂直眼部滴一滴疫苗，用手指来回拨动头部被毛，让疫苗慢慢吸收，待其完全吸收后放下雏鸡。工作尾声时，若发现有跑至地面上的雏鸡，在不清楚是否进行过免疫的情况下，需补上疫苗

配图	免疫方法	操作过程
	翼膜刺种	用接种针蘸取疫苗，刺种于鸡翅膀（右侧）内侧无血管处皮下，每鸡1针
	滴口法	右手持滴瓶，滴头朝下，倾斜角度大约为45°，然后将疫苗滴入口中
	注射法	颈部皮下注射：左手拇指和食指捏起鸡颈部，使提起的皮肤与颈部形成“立体三角区”，高度为0.5～1cm，其他三指自然弯曲。右手持连续注射器，沿三角区的下部呈30°刺入针头后注射 肌肉注射法：雏鸡注射的部位为胸肌。注射胸肌时应将针头顺着胸骨方向，选中部倾斜30°刺入并注射疫苗

配图	免疫方法	操作过程
 	饮水法	在饮水免疫前3h（夏季2h）停止供给饮水，将饮水器冲刷干净，将疫苗通过水箱或水管加药器加入2～3头份疫苗，要求疫苗在1h时内饮完。饮完后经1～2h再正常供水
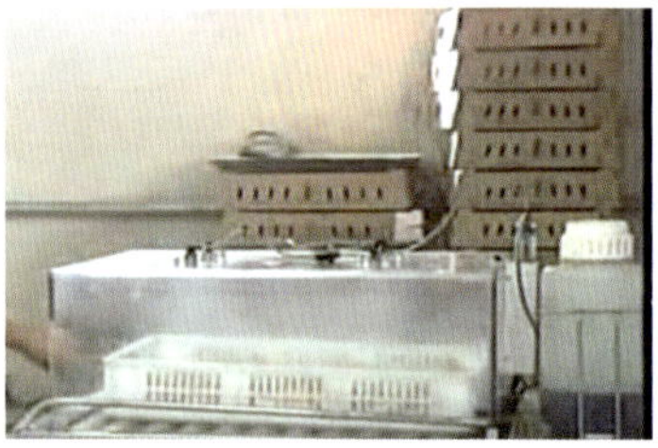	气雾法	根据鸡只多少计算所需疫苗数量、稀释液数量，根据鸡只的日龄选择雾滴的大小。无菌稀释后用气雾发生器在鸡头上方约50cm喷雾，在鸡群周围形成一个良好的雾化区，通过口腔、呼吸道黏膜等吸收以达到免疫作用

学业评价

“按规程进行雏鸡饲养管理操作”学业考核评价表

专业班级：__________　　姓名：__________　　考核时间：__________

评价方式	考核内容		评分标准	配分	得分	备注
自我评价（15%）	必备知识	雏鸡的饲养技术	了解初饮与开食的概念；计2分，掌握饮水营养液的作用，计2分	4		通过平台在线进行自我评价
		雏鸡的管理技术	掌握适宜的育雏条件，计2分，每少1个减1分；掌握“五观察”内容，计2分；掌握“八定时”内容，计4分	8		
		雏鸡的免疫接种	了解免疫接种程序应用原则，计1分；掌握免疫接种的方法，计2分	3		
教师学业评价（50%）	任务实施	按规程进行雏鸡饲养操作	会给雏鸡初饮，计2分；会配制雏鸡饮水营养液，计5分；会日常饮水与喂饲，计4分	11		按任务达成程度进行评价
		按规程进行雏鸡管理操作	能凭经验判断舍温是否适宜，计4分；能判断舍内湿度、光照、通风换气及饲养密度是否适宜，计8分；能进行“五观察”管理操作，计5分；能进行“八定时”管理操作，计8分	25		
		雏鸡免疫方法操作	会进行点眼、翼膜刺种、皮下注射、肌肉注射、滴口、饮水及气雾等免疫方法操作，计14分；每少1个减2分	14		

续表

评价方式	考核内容		评分标准	配分	得分	备注
学生互评（35%）	学习过程考核	课前	参加学习资源准备，计5分；完成预习任务，计5分；参与课前讨论，计5分	15		组内互评
		课中	严格遵守课堂纪律，计2分；有秩序地实施任务，并按时完成，计3分；积极参加问题探究讨论，计2分；提出生产中易存在的问题，计3分；完成小组分配的任务，计2分；在线抢答问题且答案正确，计3分	15		组间互评
		课后	能主动学习气雾免疫方法，计1分，拟定有窗鸡舍光照方案，计4分	5		组内互评
总计				100		—

注：90分及以上为优秀等级；75～89分为良好等级；60～74分为合格等级；60分以下为不合格。

课后拓展

- 自主学习气雾免疫原理。
- 拟定有窗鸡舍6周龄光照方案。
- 网上查询本地区饲养的鸡种其雏鸡期的免疫程序，并传至学银在线作业栏中。

自测练习

1. 雏鸡开食一般在初饮后________h之内。
2. 雏舍内温度偏高时，雏鸡表现为________、________和________。
3. 雏鸡________日龄进行断喙。
4. 育雏期，常用的免疫方法有________、________、________、________和________。

任务四　按规程进行育成鸡饲养管理操作

学习目标

知识目标

1. 熟悉育成鸡的培育标准，说出达到此标准应采取的措施。
2. 说出育成鸡限制性饲养方法及注意事项。
3. 掌握育成鸡的饲养管理的要点及关键性技术。
4. 熟悉预产期的管理要点。

技能目标

1. 会测量育成鸡12周龄末的体重，能根据测量结果准确地计算出鸡群均匀度，并提出调整措施。
2. 能拟定育成鸡的限饲方案。
3. 会进行育成鸡转群操作，能科学地更换饲料。

素养目标

1. 通过育成鸡培育标准的学习，懂得科学饲养管理技术是发挥育成鸡最大生产潜能的基础，提升学习热情和动力。
2. 通过对育成鸡限制性饲养技术的学习，懂得鸡群体重控制以及均匀度的重要性，树立全局观念。

任务描述

育成鸡饲养管理十分重要，不仅要控制体重和性成熟，还要保证育成鸡培育的均匀度，这样才能保证产蛋期发挥出较高的生产性能，因此，必须按规程对育成鸡进行饲养管理操作。我们将按照图2-7和图2-8所示的内容完成学习任务。

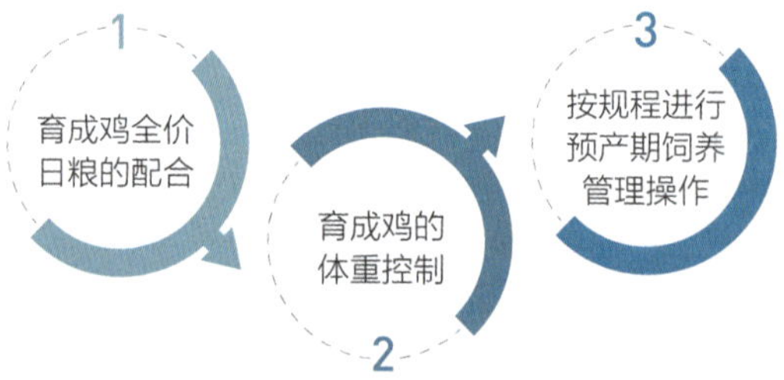

图2-7　“按规程进行育成鸡饲养管理操作”实施环节

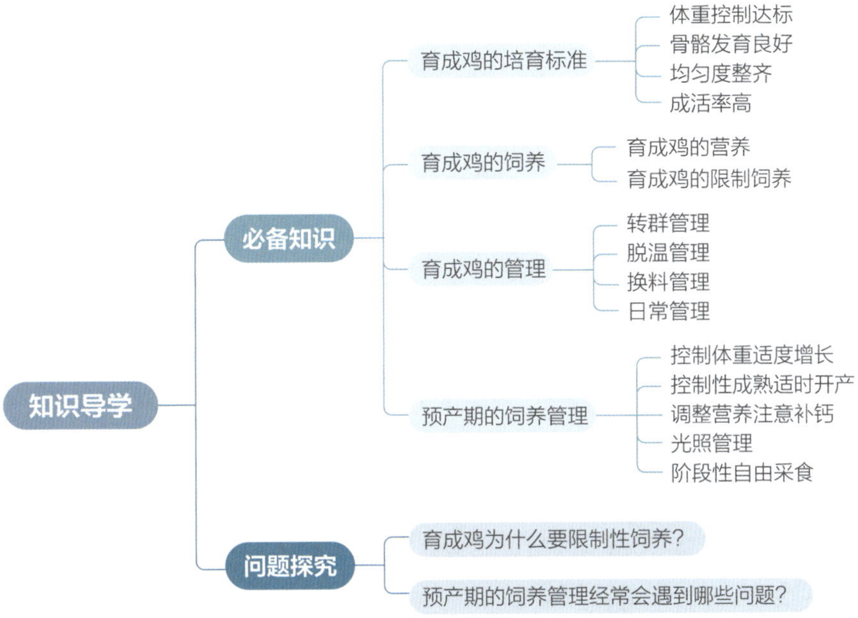

图2-8 “按规程进行育成鸡饲养管理操作”知识思维导图

课前准备

一、学习资源准备

通过网络获取NY/T 5038—2006《无公害食品 家禽养殖生产管理规范》。

二、完成预习任务

1. 阅读学习相关资源，了解育成鸡的生理特点。
2. 查阅育成期一般是指饲养多少周龄的鸡。

育成鸡的生理特点

三、完成课前讨论

1. 完成《学情分析表》(附录一)。
2. 在线提出预习中存在的问题，并进行相关讨论。

知识链接

一、必备知识

（一）育成鸡的培育标准

1. 体重控制达标

体重是衡量育成鸡生长发育的重要指标之一，现代鸡种都有自己的标准体重。体重达到标准要求，说明生长发育正常，未来产蛋性能好，饲料报酬高；体重超标，则产蛋少、死亡多；体重太轻，说明生长发育不健全，产蛋持久性差。

2. 骨骼发育良好

育成期是促进体架生长的重要阶段，90%蛋鸡的体架是在早期发育的，母鸡体架的大小在15周龄前已定型。胫长是反映育成鸡骨骼发育状况的主要指标。以轻型蛋鸡（母鸡）为例，其各周龄胫长发育标准见表2-7。

表2-7　轻型蛋鸡（母鸡）的胫长发育标准

周龄/周	1	2	3	4	5	6	7	8	9	10	11	12	13	14	15
胫骨长/cm	39	47	55	63	71	77	84	91	95	98	100	102	103	104	104

3. 均匀度整齐

均匀度一般是用平均体重±10%范围内的个体数占全群总数的百分比来表示。其百分比越大越好，一般要求鸡群的均匀度大于80%。例如18周龄的海兰褐壳蛋鸡标准体重为1550g，体重范围是1395~1705g，如果称重后鸡的体重有80%以上在此范围内，说明鸡群均匀度好。

4. 成活率高

育成鸡具有较强的抗病能力，育成期成活率要求达到96%以上。同时要抓好疫情控制“三关”，即消毒关、免疫接种关和投药预防关，确保鸡群正常生长发育。

（二）育成鸡的饲养

1. 育成鸡的营养

根据各阶段生理特点和营养需求，根据鸡群实际体重，结合季节和饲料原料行情调整饲料配方、营养需求和饲喂量。育成鸡营养需要参考见表2-8。

表2-8　育成鸡营养需要参考

养分	育成期（7~18周龄）	
	白壳蛋鸡	褐壳蛋鸡
粗蛋白 /%	16.0	15.5
钙 /%	1.0	1.0
有效磷 /%	0.35	0.40
甲硫氨酸 /%	0.27	0.30
甲硫氨酸 + 胱氨酸 /%	0.53	0.54
赖氨酸 /%	0.54	0.68
维生素A /（IU/kg）	1500	10000
维生素D_3 /（IU/kg）	200	2000
维生素E /（mg/kg）	5	20
维生素K_3 /（mg/kg）	0.5	2.0
维生素B_1 /（mg/kg）	1.3	1.5
维生素B_2 /（mg/kg）	1.8	5.0
维生素B_6 /（mg/kg）	3	3
维生素B_{12} /（mg/kg）	0.003	0.010
泛酸 /（mg/kg）	10	5
烟酸 /（mg/kg）	11	30
叶酸 /（mg/kg）	0.25	0.50
生物素 /（mg/kg）	0.10	—
氯化胆碱 /（mg/kg）	500	500
锰 /（mg/kg）	30	60
锌 /（mg/kg）	35	50
铁 /（mg/kg）	60	50
铜 /（mg/kg）	6	5
碘 /（mg/kg）	0.35	1.00
硒 /（mg/kg）	0.10	0.20

2. 育成鸡的限制饲养

限制饲养简称限饲，指的是人为地控制鸡的采食量或者降低饲料营养水平，以达到控制体重的目的。

（1）限饲时间　蛋鸡7～16周龄或8～18周龄。

（2）限饲方法　轻型蛋鸡限料量为自由采食量的7%～8%；中型蛋鸡限料量为自由采食量的10%～15%。

（三）育成鸡的管理

1. 转群管理

共涉及两次转群工作，即7周龄时从育雏舍转入育成舍和15周龄时从育成舍转入产蛋舍。转群时的注意事项：一是转群与疫苗接种尽量不要同时进行；二是转群前新鸡舍必须彻底清扫与消毒，消毒方法与育雏舍基本相同；三是转群后注意喂料和饮水，切勿断水；四是转群时注意添加电解质，减小应激反应；五是转群工具要求通风良好；六是转群时要在较暗的环境下进行；七是要讲究抓鸡方法，先抓鸡腿，后抓鸡的翅膀；八是转群时淘汰病弱个体，发现体重不均匀时最好逐只称重，分为大、中、小3栏，给予不同喂料量；九是转群第1天给光24h，使鸡群快速熟悉新鸡舍环境，以后按照光照制度执行；十是转入新舍后要检查每笼的鸡数，使每笼鸡数相等且符合饲养密度要求。

2. 脱温管理

育成期间只要昼夜平均温度达到18℃以上就可脱温。要求降温缓慢，特别是早春育雏，虽已到脱温周龄，但室外气温还较低，而且昼夜温差大，必须延长供温时间。刚脱温时遇白天降温或夜间，均需给予少量供温。

3. 换料管理

育成期间涉及两次换料。第一次是将雏鸡料改换为育成鸡料，换料时间约为转舍后第2周进行。第二次是将生长饲粮改换为产蛋饲粮，一般在18或19周龄进行。现以第一次换料为例，说明3种换料方法，生产中采用第1种方法较多，见表2-9。

表2-9　雏鸡料换成育成鸡料的3种方法

方法	雏鸡料+育成鸡料	饲喂时间/天
1	2/3+1/3	2
	1/2+1/2	2
	1/3+2/3	2～3
	0+1	
2	2/3+1/3	3
	1/3+2/3	4
	0+1	

续表

方法	雏鸡料+育成鸡料	饲喂时间/天
3	0+1 1/2+1/2 0+1	5～6

4. 日常管理

做好卫生与防疫工作，观察鸡群，保持环境安定，做好日常工作记录。

（四）预产期的饲养管理

产蛋鸡预产期是指17周龄至2%产蛋率的阶段，为17～20周龄。

1. 控制体重适度增长

预产期阶段要求体重增加350g。若体重高出标准体重20%，则产蛋率低2%，采食量高10g/日，死亡率高2%～3%；若体重低于标准体重20%，则产蛋率低10%，蛋重低2g/枚，死亡率高12%。

2. 控制性成熟适时开产

性成熟主要表现输卵管及卵巢的发育状态方面，而体重是否达标对输卵管发育影响比较严重。其次是营养水平，如果营养水平高，可有效促进输卵管、卵巢（卵泡）、髓骨的发育和早期的蛋重和产蛋率的迅速上升。

3. 调整营养注意补钙

小母鸡开产前10天开始沉积骨髓，约占已性成熟的小母鸡全部骨骼重的12%，蛋壳形成约有25%的钙来自骨髓，75%来自饲料。当饲料中钙不足时，母鸡会利用骨骼及肌肉中的钙，这样易造成笼养蛋鸡疲劳综合征。所以在开产前10天或当鸡群见第一枚蛋时，将育成鸡料过渡为预产料，钙的水平调整为2%～2.25%，避免早期的蛋壳质量差和母鸡腿软问题发生。

4. 光照管理

一般自第18周龄起，每周延长光照0.5～1h，直至达到16～17h后恒定不变，但不能超过17h。如果鸡群在20周龄时仍达不到标准体重，则可暂停增加光照。

5. 阶段性自由采食

新母鸡在第一个产蛋年中所产蛋的总质量为其自身体重的8～10倍，而预产期鸡只体重还要增长25%。为此鸡只必须采食约为其体重20倍的饲料。所以预产期鸡群见第一枚蛋开始实行自由采食，并一直维持到产蛋高峰及高峰后两周。

二、问题探究

1. 育成鸡为什么要限制性饲养？
2. 预产期的饲养管理经常会遇到哪些问题？

任务实施

规避风险提示

注意限饲科学合理。

一、育成鸡全价日粮的配合

1. 按1%预混料配合育成鸡全价日粮（表2-10）

表2-10　按1%预混料配合育成鸡全价日粮

配方	饲料原料									
	玉米	豆粕	麦麸	磷酸氢钙	石粉	食盐	预混料	菜粕	鱼粉	棉粕
配方一	61.4%	21%	14%	1.2%	1.1%	0.3%	1%	—	—	—
配方二	60.4%	17%	14%	1.2%	1.1%	0.3%	1%	4%	1%	—
配方三	61.9%	15.5%	12%	1.2%	1.1%	0.3%	1%	4%	1%	2%

2. 按饲养阶段配合育成鸡全价日粮（表2-11）

表2-11　按饲养阶段配合育成鸡全价日粮

周龄	饲料原料									
	玉米	豆粕	麦麸	骨粉	鱼粉	贝壳粉	食盐	饲料添加剂	氨基酸	胆碱	多种维生素
7～15周龄	70.8%	19%	5%	2.5%	2%	—	0.35%	0.15%	0.1%	0.1%	10g
15～18周龄	64.3%	17%	10%	2.5%	2%	3.5%	0.35%	0.15%	0.1%	0.1%	10g

二、育成鸡的体重控制

控制育成鸡的体重是最关键的技术。为达到育成鸡体重培育标准，需做好如下管理工作。

1. 定时称测体重

每周末称测体重一次，称重鸡只的数量是占全群总数的5%，一次不应少于100只，小群也不应少于50只。同时，要求每次称重的时间要一致，一般在15：00—16：00称重为宜。

2. 随机抽样称重

称测鸡只体重时，不可人为地挑选其大与小或胖与瘦，要随机称重。立体笼养时，可将鸡舍均匀地划分为若干小区，分别称上、中、下三层笼的鸡只，被选为称重的小笼，过秤时一定要逐只地称重并分别做好记录。鸡群越小取样比例越大，反之越小。

3. 计算均匀度

每次称重后要与该周鸡标准体重进行对照。如果均匀度≥90%，为特等，85%≤均匀度＜90%表示优秀；80%≤均匀度＜85%表示良好；75%≤均匀度＜80%表示合格；均匀度＜75%表示较差。

4. 体重调整方法

以良好标准为依据边测体重边判定该鸡只是否达标并调整笼位和料量。对超过标准体重范围的鸡只放入下层笼中饲养且暂时不增料量，待其下一个周龄末的体重标准达标时再投给相应周龄的料量。对体重过小的鸡只放在上层小笼中饲养，且每只鸡日增料量2～3g，采用湿拌料的方法让其自由采食，待下一个周龄末的体重标准达标时再投给正常周龄的料量。

三、按规程进行预产期饲养管理操作

配图	饲养管理规程	饲养管理操作
	控制体重适度增长	预产期阶段要求体重增长350g
	控制性成熟适时开产	要求：育成鸡达该品种开产体重和胫长（从跗关节顶部到脚爪底部的垂直距离）标准视为适时开产，即可转入产蛋鸡舍。 标准：18周龄体重为1550～1600g；轻型蛋鸡12周龄胫长为102mm
	调整营养注意补钙	开产前2～3周内，鸡体内的卵巢和输卵管迅速增长，体内需营养储备。因此，更换为预产期饲料。该饲料中钙含量应增加到2%～2.25%（加入贝壳或石粉），20周龄时，再将钙的水平提高到3.5%。能量与蛋白质比以17：1为宜
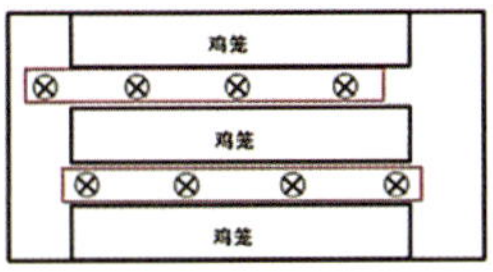	光照管理	光照时间：转入产蛋鸡舍（18周龄）起，每周延长光照0.5～1h，直至达到16～17h后恒定不变。 光照强度：光照强度为15lx。 灯具安装：（1）灯的高度为（40W灯泡时）距地面2.0m；（2）灯泡与灯泡距离为3.0m；靠墙的灯泡与墙的距离1.5m；（3）灯具分布要求左右交错排列

配图	饲养管理规程	饲养管理操作
	阶段性自由采食	预产期鸡群见第一枚蛋开始实行自由采食，并一直维持到产蛋高峰及高峰后2周

学业评价

“按规程进行育成鸡饲养管理操作”学业考核评价表

专业班级：＿＿＿＿＿＿　　姓名：＿＿＿＿＿　　考核时间：＿＿＿＿＿＿

评价方式	考核内容		评分标准	配分	得分	备注
自我评价（15%）	必备知识	育成鸡的培育标准	了解体重、骨骼、均匀度及成活率培育的标准，计4分	4		通过平台在线进行自我评价
		育成鸡的饲养	了解育成鸡的营养需要，计1分；掌握育成鸡的限制性饲养方法，计1分	2		
		育成鸡的管理	掌握育成鸡转群方法，计1分；掌握脱温方法，计1分；掌握换料的几种方法，计1分；掌握育成鸡日常管理要点，计1分	4		
		预产期的饲养管理	掌握预产期控制体重、适时开产、调整营养、光照管理及阶段性自由采食要点，计5分	5		
教师学业评价（50%）	任务实施	育成鸡限饲方案的编制	会编制育成鸡限饲方案，计6分	6		按任务达成程度进行评价
		对育成鸡体重管理进行操作	每周末称测体重一次，计5分；会随机抽样称重，计4分；测重后能计算其均匀度，计5分；会判断体重是否合格，计5分；对体重不合格鸡只会进行调整，计5分	24		
		按规程进行预产期饲养管理操作	会控制体重；计4分；对适时开产科学判断，计4分；能及时换料，计4分；会进行光照管理，计4分；能按产蛋周龄调整自由采食，计4分	20		

续表

评价方式	考核内容		评分标准	配分	得分	备注
学生互评（35%）	学习过程考核	课前	参加学习资源准备，计5分；完成预习任务，计5分；参与课前讨论，计5分	15		组内互评
		课中	严格遵守课堂纪律，计2分；有秩序地实施任务，并按时完成，计3分；积极参加问题探究讨论，计2分；提出生产中易存在的问题，计3分；完成小组分配的任务，计2分；在线抢答问题且答案正确，计3分	15		组间互评
		课后	各组研讨认真，结论科学，计3分；代表汇报（下次课）思路清晰，计2分	5		组内互评
总计				100		—

注：90分及以上为优秀等级；75～89分为良好等级；60～74分为合格等级；60分以下为不合格。

课后拓展

- 许多当地养殖户对育成鸡饲养有如下五方面的不同观点，请分别研讨一下每个小组是否科学合理。

  一组：认为体重没有达标，便马上换成下个阶段饲料。

  二组：育雏时若饲养密度过高就提前转群，进入产蛋鸡舍。

  三组：育成期生长速度快，不易患病，可以使用低价质差的饲料，以减少成本。

  四组：第3周龄末测量体重时随机抓几只鸡。

  五组：只要体重达标即可，不必在意骨架的发育。

自测练习

1. 均匀度一般是用平均体重±________%范围内的个体数占全群总数的百分比来表示。
2. 限饲广泛采用的方法是________法。
3. 产蛋鸡预产期是指________周龄至________%产蛋率的养殖阶段。
4. 预产期阶段要求体重增加________g。
5. 育成期间只要昼夜平均温度达到________℃以上就可脱温。

任务五　按规程进行产蛋鸡饲养管理操作

学习目标

知识目标

1. 掌握其产蛋规律。
2. 理解产蛋期所需的环境条件，掌握控制舍内湿度的措施。
3. 了解节省饲料的措施。
4. 熟悉影响蛋鸡产蛋的相关因素。

技能目标

1. 能通过外貌特征识别高产鸡与低产鸡。
2. 能依据生理特征识别产蛋鸡和停产鸡。
3. 能绘制高产鸡的产蛋曲线。

素养目标

1. 在学习产蛋规律过程中，提升尊重科学、崇尚科学的意识。
2. 在拓展节省饲料的措施时，认识到节省饲料就是节约粮食，树立勤俭节约意识。
3. 在学习“六预防”管理时，树立防重于治的养殖理念，提升绿色养殖意识。

任务描述

蛋鸡饲养管理技术对于蛋鸡养殖的效益和产蛋质量至关重要。您作为蛋鸡舍的技术主管，今天要对新入职的饲养员进行饲养管理工作过程培训，依据NY/T 5038—2006《无公害食品　家禽养殖生产管理规范》的要求，请带领大家按照图2-9和图2-10所示的内容完成学习任务。

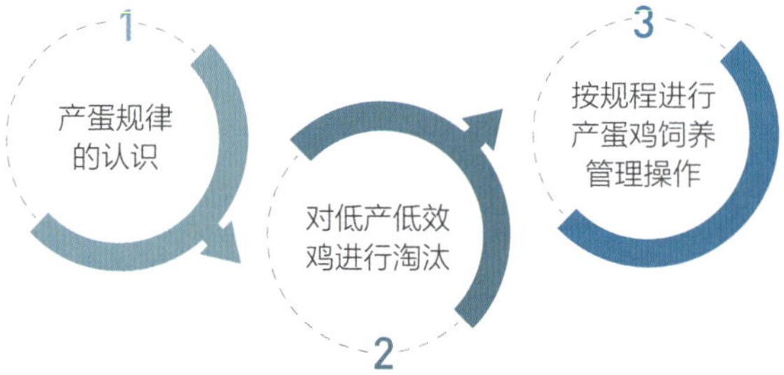

图2-9　“按规程进行产蛋鸡饲养管理操作”实施环节

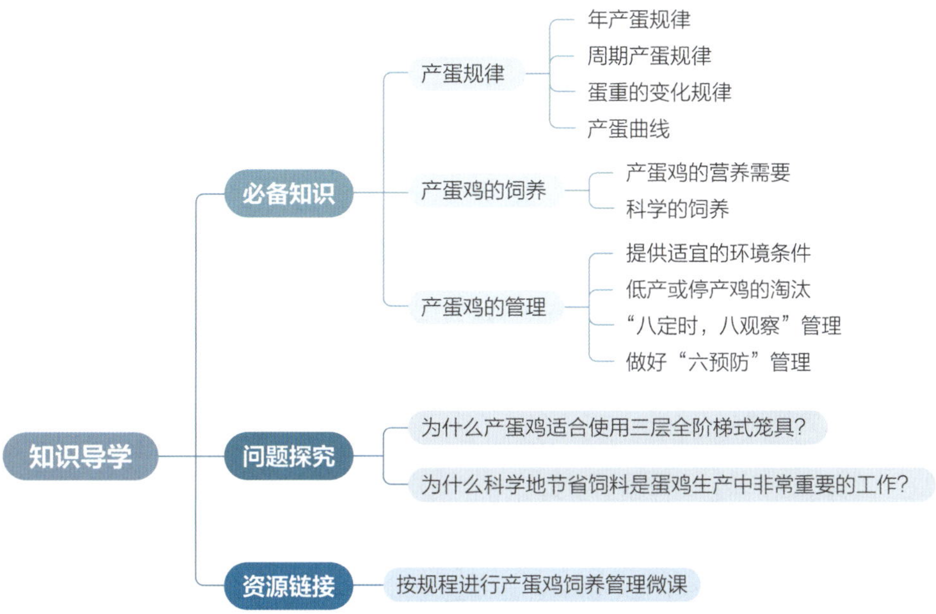

图2-10 “按规程进行产蛋鸡饲养管理操作”知识思维导图

课前准备

一、学习资源准备

通过网络获取NY/T 5038—2006《无公害食品　家禽养殖生产管理规范》。

二、完成预习任务

1. 阅读学习相关资源，了解产蛋鸡的生理特点。
2. 查阅产蛋期常指饲养多少周龄的鸡。

三、完成课前讨论

1. 完成《学情分析表》(附录一)。
2. 在线提出预习中存在的问题，并进行相关讨论。

知识链接

一、必备知识

（一）产蛋规律

1. 年产蛋规律

第一年产蛋量最高，以后每年以15%～20%比例递减，这也是商品蛋鸡一般只饲养一个生产周期的主要原因。

2. 周期产蛋规律

针对一个产蛋周期而言，产蛋率达5%称为初产，产蛋率达50%称为开产，产蛋率达90%称为高峰期来临周龄，产蛋率维持在90%以上的时间称为高峰维持期，平均产蛋率90%以下至鸡群淘汰下笼这段时间称为产蛋后期。当产蛋率下降至65%时开始淘汰。不同的品种其周期产蛋规律略有差异。以海兰褐商品蛋鸡为例，其初产周龄为20周龄，开产周龄为22周，高峰期来临周龄为25周，高峰维持期约20周。76周产蛋率下降至65%。

3. 蛋重的变化规律

（1）平均蛋重　蛋重一般随着鸡周龄增加而增大，到第一个产蛋年末达到最大，以后趋于稳定，一直保持至第二产蛋年。比如初产平均蛋重约45g，产蛋高峰期平均蛋重为57～63g，后期平均蛋重约66g并趋于稳定。第二个产蛋年后，随年龄增加，蛋重逐渐减少。其中，40周龄时可视为平均蛋重。褐壳蛋鸡平均蛋重约62g，粉壳蛋鸡约61g，白壳蛋鸡约60g。

（2）总产蛋量　无论是褐壳、粉壳还是白壳品种其平均产蛋数量多在280～332枚，总蛋重在19～22.5kg。产蛋数量和总蛋重的多少主要与饲养管理水平、鸡的品种、养殖设备、健康状况及科学的经营与管理有直接关系。

4. 产蛋曲线

在第一产蛋年，产蛋率呈低—高—低的产蛋曲线。实际生产中可根据育种公司发布的产蛋性能绘制标准曲线，同时根据鸡的实际产蛋情况绘制产蛋曲线进行比较分析。以产蛋周龄为横坐标，以该周龄每日对应的产蛋率为纵坐标，使用坐标纸或电脑Excel程序绘制曲线。图2-11表示某鸡场绘制的海兰褐壳商品蛋鸡的标准产蛋曲线和该场产蛋高峰期发生新城疫的同一个批次海兰褐壳商品蛋鸡群的实际产蛋曲线。

现代商品蛋鸡的产蛋曲线具有三个特点。

（1）正常饲养管理条件下，从见蛋到开产，产蛋率上升较快。产蛋率的上升速率平均为每天1%～2%，从开产20周开始，到产蛋高峰时，产蛋率上升可达3%～4%。25周左右即可达到产蛋高峰期。

（2）产蛋率达到高峰期后，产蛋率的下降速度很缓慢，而且平稳。产蛋率下降的正常

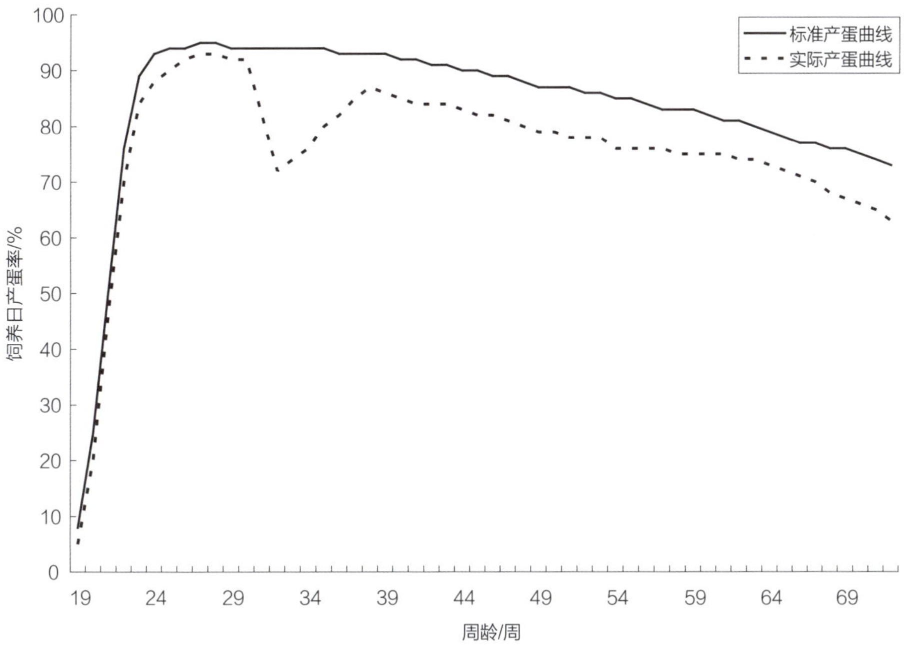

图2-11　海兰褐壳商品蛋鸡产蛋曲线

速率为每周0.5%～0.7%。

（3）产蛋率下降具有不可完全补偿性。由于营养、管理、疾病等方面的不利因素，导致母鸡产蛋率较大幅度下降时，在改善饲养条件和鸡群恢复健康后，产蛋率虽有一定上升，但不可能再达到应有的产蛋率。产蛋率下降部分得不到完全补偿。越接近产蛋后期，下降的时间越长，越难回升，即使回升，回升的幅度也不大。

（二）产蛋鸡的饲养

1. 产蛋鸡的营养需要

产蛋期要科学设计饲料配方，使其营养满足其维持需要、生长需要和产蛋需要。

实际配制鸡的饲料时应考虑季节、周龄、产蛋水平、饲料原料价格等因素，原则是使用配方软件程序筛选最低成本且又科学的配方。产蛋鸡营养需要建议参照表2-12。

表2-12　产蛋鸡营养需要建议

养分	产蛋高峰期		产蛋后期	
	轻型白壳蛋鸡	中型褐壳蛋鸡	轻型白壳蛋鸡	中型褐壳蛋鸡
粗蛋白 /%	16.5	16.5	15.0	16.0
钙 /%	3.5	3.5	3.4	3.6

续表

养分	产蛋高峰期		产蛋后期	
	轻型白壳蛋鸡	中型褐壳蛋鸡	轻型白壳蛋鸡	中型褐壳蛋鸡
有效磷 /%	0.37	0.36	0.37	0.35
甲硫氨酸 /%	0.36	0.35	0.33	0.34
甲硫氨酸＋胱氨酸/%	0.63	0.64	0.57	0.62
赖氨酸 /%	0.73	0.75	0.66	0.72
维生素A /（IU/kg）	4000	10000	4000	10000
维生素D_3 /（IU/kg）	500	2000	500	2000
维生素E /（mg/kg）	5	20	5	20
维生素K_3 /（mg/kg）	0.5	2.0	0.5	2.0
维生素B_1 /（mg/kg）	0.8	2.0	0.8	2.0
维生素B_2 /（mg/kg）	2.2	5.0	2.2	5.0
维生素B_6 /（mg/kg）	3	3	3	3
维生素B_{12} /（mg/kg）	0.003	0.010	0.003	0.010
泛酸 /（mg/kg）	2.2	10.0	2.2	10.0
烟酸 /（mg/kg）	10	25	10	25
叶酸 /（mg/kg）	0.25	0.50	0.25	0.50
生物素 /（mg/kg）	0.10	—	0.10	—
氯化胆碱 /（mg/kg）	500	500	500	500
锰 /（mg/kg）	30	60	30	60
锌 /（mg/kg）	50	50	50	50
铁 /（mg/kg）	50	50	50	50
铜 /（mg/kg）	8	5	8	5
碘 /（mg/kg）	0.3	1.0	0.3	1.0
硒 /（mg/kg）	0.1	0.2	0.1	0.2

2. 科学的饲养

（1）阶段饲养　根据鸡的周龄和产蛋水平将产蛋期划分为几个阶段，不同阶段采取不同的营养水平进行饲喂，尤其是蛋白质、能量和钙的水平，这种方法称为阶段饲养。常用两阶段和三阶段饲养法，两阶段饲养法以50周龄为界，50周龄前日粮中粗蛋白含量控制在16%～17%，50周龄后由于产蛋率下降，日粮中粗蛋白含量控制在14%～15%；我国大多数企业多采用三阶段饲养法。

（2）调整饲养　根据环境条件和鸡群状况的变化，及时调整日粮中主要营养成分的含量，以适应鸡的生理和产蛋需要的饲养方法称调整饲养。调整饲养必须以饲养标准为基础，保持饲料配方的相对稳定，保证日粮营养平衡。调整饲养方法分为按体重调整饲养、按产蛋规律调整饲养、按季节气温变化调整饲养等。

（3）限制饲养法　在产蛋高峰后第3周开始，将每100只鸡的每天饲料摄取量共减少220g，连续3～4天。如果产蛋率没有异常下降，则继续维持此喂料量，该方法也称为试探性减料法。产蛋率每下降4%～5%试探一次，只要产蛋率下降正常，这一方法可以持续使用下去；如果产蛋量下降较快，立即恢复之前饲喂量。此期的饲料减少总量不超过9%。

在日常饲养管理时，通常日喂2～3次，每只鸡每天饮水量为200～300mL。

（三）产蛋鸡的管理

1. 提供适宜的环境条件

（1）温度　产蛋鸡的适宜温度范围是13～25℃，最佳温度范围是18～23℃。冬季不宜低于8℃，夏季不应超过30℃。

（2）湿度　蛋鸡适宜的湿度为60%～65%。如温度适宜，其范围可适当放宽至50%～70%。

（3）通风换气　蛋鸡舍空气卫生标准的要求为：氨气的浓度应低于0.02mL/L，CO_2的允许浓度为0.15%以内。

（4）光照　一般产蛋鸡的适宜光照强度是鸡头部感受到的照度为10～15lx，光照时间16h/天为宜。经验表明，每15m^2的鸡舍面积，悬挂一个距地面高度为1.8～2.0m的40W加罩的白炽灯泡即可满足10lx的照度。同时，要按时擦拭灯泡以保持光照强度的稳定性。

（5）饲养密度　产蛋期以全阶梯式笼养为主，一般每笼饲养3只鸡为宜。若按饲养密度计算，每平方米饲养14～15只为宜。若南方温湿度及通风条件较好的情况下，也可以采用平养方式，其饲养密度为8只/m^2。

2. 低产或停产鸡的淘汰

为提高经济效益，要对产蛋过程中的低产鸡和停产鸡进行及时淘汰，低产鸡和停产鸡主要根据外貌特征和生理特征来鉴别。

3. “八定时，八观察”管理

（1）“八定时”管理　严格执行光照计划，每天按时通过开灯与关灯补充人工光照；定时喂料供水，喂饲时间分别为6：00—7：00、10：30—11：00和16：30—17：30，供水不断；每天早晨投料前定时检查舍内温度、湿度、光照、通风换气、饲养密度等环境条件是否适宜，发现不足及时调整；每天定时拣蛋，具体时间分别为11：00左右和16：30左右；每天定时清粪消毒，消毒时间多在8：00左右，清粪时间多在15：00左右；按免疫程序定时进行免疫接种；2周抽查母鸡体重1次，发现体重不达标的个体要及时调整；定时在鸡场管理软件上录入每日管理情况，记录鸡群产蛋率、蛋重、总耗料、死亡、淘汰等内容，无条件的鸡场用记录表填写每日情况，具体参考表2-13。

表2-13　产蛋记录表

入舍母鸡数				品种				舍号	
入舍日龄				入舍平均体重/g				饲养员	
周龄	日龄/天	存栏/只	死亡/只	淘汰/只	总耗料/g	产蛋数/枚	产蛋率/%	蛋重/g	备注

（2）“八观察”管理　细心观察鸡群，及时发现管理中的隐患十分重要。一般白天观察2～3次，侧重饲喂时观察，主要采取“八观察”，其管理内容包括：一是观察鸡群是否有活力，动作是否敏捷，鸣叫是否正常；二是观察采食量是否正常，饲料的质量是否符合要求，喂料是否均衡，料槽是否充足，有无剩料；三是观察饮水器是否卫生，有无漏水、溢水等现象；四是观察鸡舍温度是否适宜，有无防暑保温等措施；五是观察鸡粪颜色、形态及稀稠情况；六是观察产蛋率和破蛋率的变化，有无软壳蛋、畸形蛋，比例占多少；七是及时发现低产鸡并及时淘汰；八是观察有无啄癖鸡只并及时采取相应措施。

4. 做好“六预防”管理

包括预防鸡群发病、预防鸡群应激、预防产蛋损失、预防啄癖、预防产蛋量突然下降和预防饲料浪费的相应管理措施。

二、问题探究

1. 为什么产蛋鸡适合使用三层全阶梯式笼具?
2. 为什么科学地节省饲料是蛋鸡生产中非常重要的工作?

三、资源链接

按规程进行产蛋鸡
饲养管理微课

任务实施

规避风险提示

在冬季要保持产蛋鸡舍的空气质量。

一、产蛋规律的认识

配图	产蛋规律	产蛋规律的认识
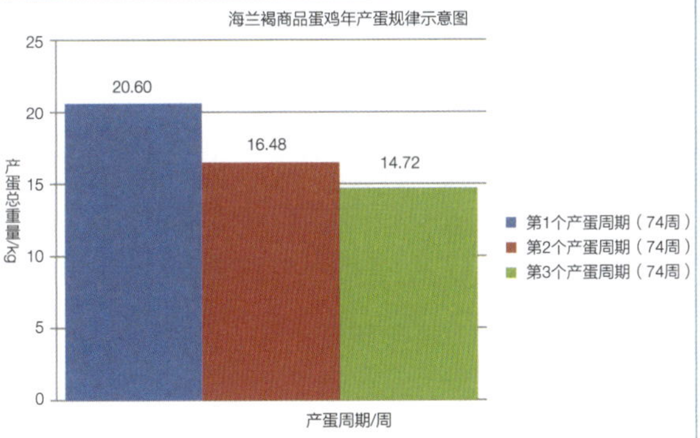	年产蛋规律	第一年产蛋量最高，以后每年以15%～20%比例递减
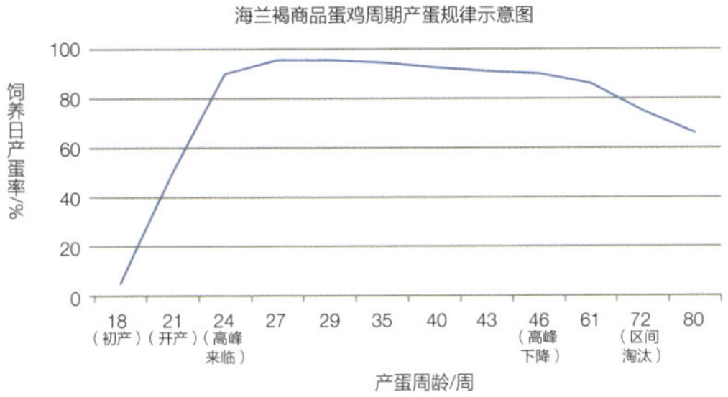	周期产蛋规律	初产：产蛋率达5%。 开产：产蛋率达50%。 高峰期来临周龄：产蛋率达90%。 高峰维持期：产蛋率维持在90%以上。 产蛋后期：平均产蛋率90%以下至鸡群淘汰下笼。 淘汰时机：产蛋率下降至65%时
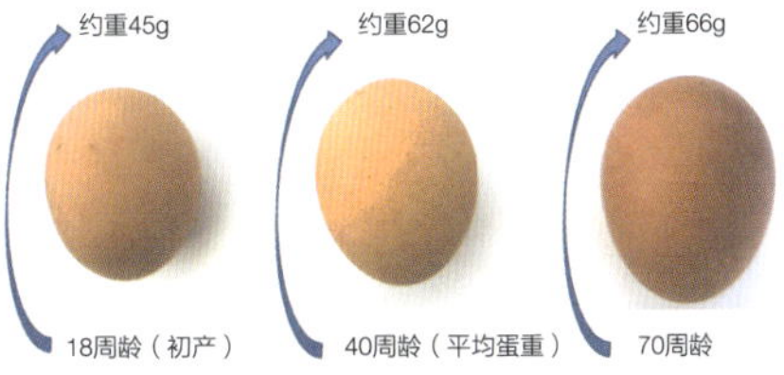 海兰褐商品蛋鸡蛋重变化规律示意图	蛋重变化规律	蛋重变化：蛋重随着鸡周龄增加而增大，到第一个产蛋年末达到最大，以后趋于稳定，一直保持至第二产蛋年。 平均蛋重：40周龄期间的平均蛋重。 平均产蛋数：280～332枚。 总蛋重：在19～22.5kg
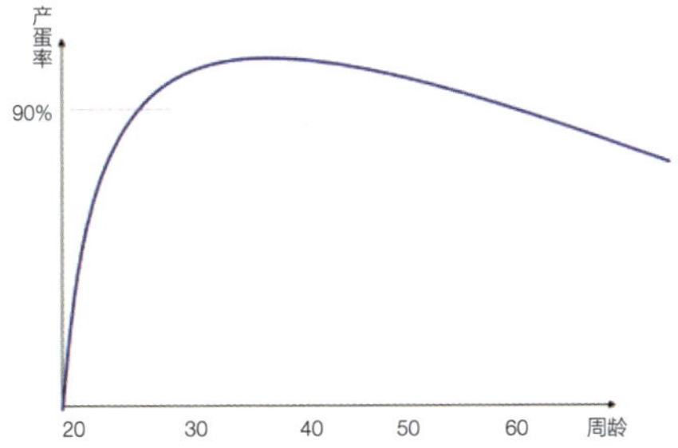	产蛋曲线	在第一产蛋年，产蛋率呈低—高—低的产蛋曲线

二、对低产低效鸡进行淘汰

1. 高产鸡与低产鸡的外貌特征区别

配图	产蛋鸡类别	外貌特征
	高产鸡特征	头：较细致，皮薄毛少无皱褶
		喙：短粗，稍弯曲
		胸：宽深，胸肌发达，胸骨直而长
		背：宽平
		脚：结实稍短，两脚间距宽，爪短而钝
		肥度：适中
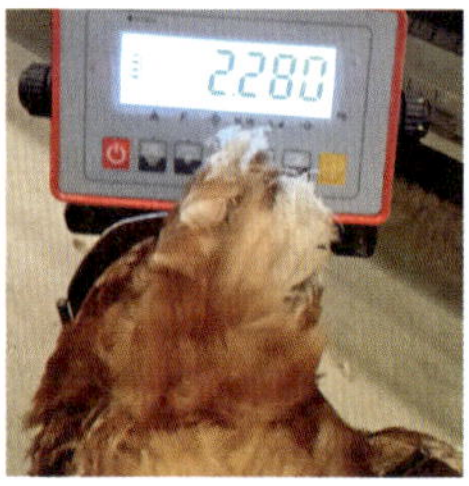		羽毛：产蛋后期干污，残缺不全
	低产鸡特征	头：较粗糙，乌鸦头
		喙：细长而直
		胸：窄浅，胸骨弯或短
		背：窄短或驼背
		脚：细长，两脚间距窄，爪长而锐
		肥度：过肥或过瘦
		羽毛：产蛋后期仍光亮整齐

2. 产蛋鸡与停产鸡的生理特征区别

配图	产蛋鸡类别	外貌特征
	产蛋鸡	鸡冠和肉髯：颜色鲜红，硕大而有弹力
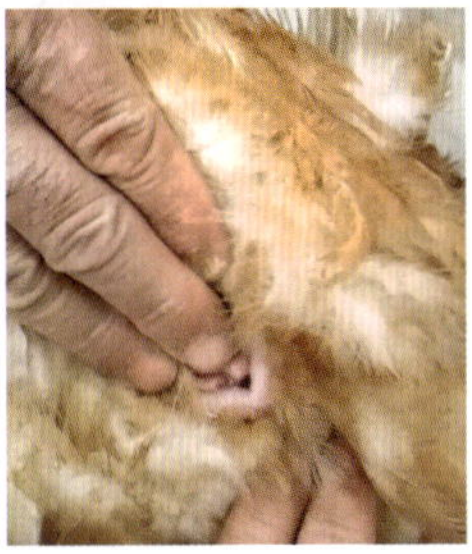		肛门：椭圆形，湿润松弛，颜色粉红
		耻骨：直而薄，有弹性，间距2～3指以上
		腹：宽大柔软，耻骨与胸骨末端间距3～4指以上
		色素消褪：肛门、眼圈、耳叶、喙、脚均呈白色

配图	产蛋鸡类别	外貌特征
	产蛋鸡	换羽：尚未换羽
	停产鸡	鸡冠和肉髯：暗红无光，萎缩干皱
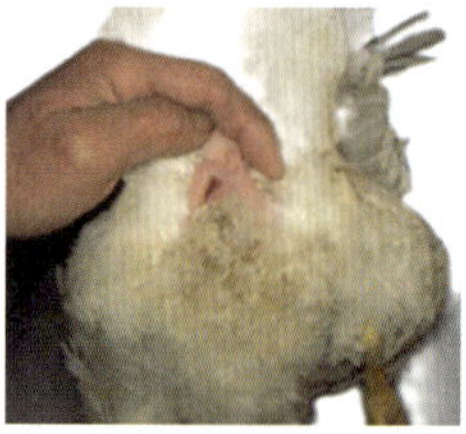		肛门：圆形，干燥紧缩，颜色发黄
		耻骨：弯而厚，弹性差，间距1指左右
		腹：小而硬，耻骨与胸骨的间距2～3指

配图	产蛋鸡类别	外貌特征
	停产鸡特征	色素消褪：肛门、眼圈、耳叶、喙、脚恢复黄色
		换羽：已经换羽

三、按规程进行产蛋鸡饲养管理操作

配图	操作项目	操作内容	操作过程
	饲养操作	阶段饲养	第一阶段：21～40周龄，饲料中粗蛋白含量控制在16%～17%，钙含量为3.5%。 第二阶段：41～62周龄，饲料中粗蛋白含量控制在15%左右，钙含量为3.4%。 第三阶段：63～76周龄，饲料中粗蛋白含量控制在14%左右，钙含量为3.2%
		调整饲养	按体重、产蛋规律、季节气温变化调整饲养；采取管理措施时调整饲养；出现异常情况时调整饲养
		限制饲养	限喂时间：产蛋高峰后第3周开始，连续3～4天。产蛋率每下降4%～5%试探一次（产蛋率平缓下降为依据） 限喂料量：每100只鸡的每天饲料摄取量共减少220g

配图	操作项目	操作内容	操作过程
	管理操作	提供最适宜的环境条件	温度：18～23℃。 湿度：60%～65%。 通风换气：氨气的浓度低于0.02mL/L，CO_2的浓度为0.15%以内。 光照：光照强度为10～15lx，光照时间16～17h/天。 饲养密度：笼养14～15只/m^2，平养8只/m^2
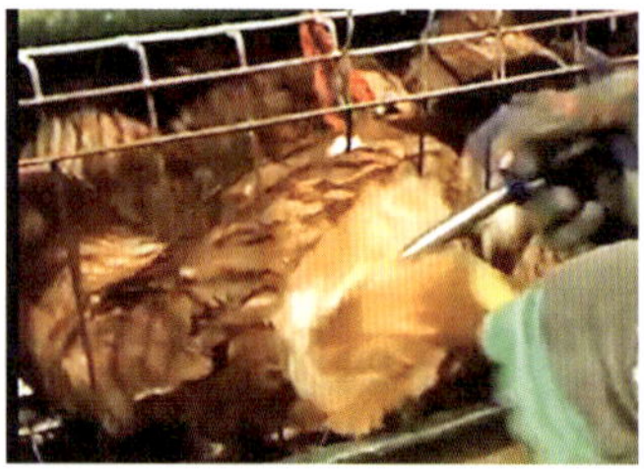		“六预防”管理	预防鸡群发病：消毒预防、投药预防、免疫接种、鸡群净化等
			预防鸡群应激：光照过强、温度过高、转群、肌肉注射、惊吓、噪声等
			预防产蛋损失：破蛋和脏蛋
			预防啄癖：啄羽、啄肛、啄趾和啄蛋
			预防产蛋量突然下降：惊吓、噪声及疾病

配图	操作项目	操作内容	操作过程
	管理操作	“六预防”管理	预防饲料浪费：饲喂设备不合理、上料量太多、营养不全价、饲料霉变、鼠害等

学业评价

“按规程进行产蛋鸡饲养管理操作”学业考核评价表

专业班级:____________ 姓名:__________ 考核时间:____________

评价方式	考核内容		评分标准	配分	得分	备注
自我评价（15%）	必备知识	产蛋规律	掌握产蛋的3个规律，计2分；了解产蛋曲线的3个特点，计2分	4		通过平台在线进行自我评价
		产蛋鸡的饲养	了解产蛋鸡的各种营养需要内容，计2分；掌握3种科学饲养方法，计1分；掌握日常饲喂和饮水要求，计2分	5		
		产蛋鸡的管理	掌握适宜的环境条件，计2分，掌握“八定时，八观察”内容，计2分；掌握“六预防”内容，计2分	6		
教师学业评价（50%）	任务实施	产蛋规律的认识	认识年产蛋规律，计2分；认识周期产蛋规律，计2分；认识蛋重的变化规律，计2分；会观察产蛋曲线，说明其特点，计2分	8		按任务达成程度进行评价
		对低产低效鸡进行淘汰	观察鸡群，能依据外貌特征鉴别高产鸡与低产鸡，计10分；能依据生理特征鉴别产蛋鸡与停产鸡，计10分	20		
		按规程进行产蛋鸡饲养管理操作	能进行阶段饲养、调整饲养、限制饲养操作，计6分；会设计适宜的温湿度、通风换气等环境条件，计4分；能科学进行产蛋鸡“六预防”管理操作，计12分	22		

续表

评价方式	考核内容		评分标准	配分	得分	备注
学生互评（35%）	学习过程考核	课前	参加学习资源准备，计5分；完成预习任务，计5分；参与课前讨论，计5分	15		组内互评
		课中	严格遵守课堂纪律，计2分；有秩序地实施任务，并按时完成，计3分；积极参加问题探究讨论，计2分；提出生产中易存在的问题，计3分；完成小组分配的任务，计2分；在线抢答问题且答案正确，计3分	15		组间互评
		课后	能汇总出减少饲料浪费的措施，并传至网上，计4分；能进行工作室的清扫，计1分	5		组内互评
总计				100		—

注：90分及以上为优秀等级；75～89分为良好等级；60～74分为合格等级；60分以下为不合格。

课后拓展

- 采取哪些综合举措会减少饲料的浪费？汇总后传至学银在线作业栏中。

减少饲料浪费的综合举措

自测练习

1. 蛋鸡产蛋高峰期其产蛋率应达到（　　）。

A. 80%　　B. 85%　　C. 90%　　D. 95%

2. 商品蛋鸡的总产蛋蛋重为（　　）。

A. 10～12kg　　B. 12～14kg　　C. 14～15kg　　D. 17～19kg

3. 商品蛋鸡的第一个产蛋周期中产蛋时间约为（　　）。

A. 21周　　B. 40周　　C. 52周　　D. 72周

4. 商品蛋鸡的第一个产蛋周期中，开产的时间约为（　　）。

A. 21周龄　　B. 23周龄　　C. 25周龄　　D. 27周龄

任务六　按规程进行蛋用种鸡饲养管理操作

学习目标

知识目标

1. 了解蛋用种鸡选择时间与要求，掌握其配种比例及利用年限。
2. 了解饲养技术，掌握管理要点。
3. 熟悉鸡人工授精技术的优势，掌握公鸡采精操作技术的要点。
4. 了解种鸡人工换羽技术的适用范围，熟悉人工换羽的技术指标。

技能目标

1. 会给种用小公鸡剪冠、断趾。
2. 能对种蛋进行科学消毒。
3. 能熟练地操作母鸡人工授精。

素养目标

1. 在种鸡选择过程中，通过综合分析多元选择，懂得全面、科学、客观地看问题在经营管理中重要性。
2. 在学习鸡的人工授精技术过程中，通过采精学习，懂得熟能生巧的道理，通过母鸡输精过程学习，体会精益求精的工匠精神的内涵。

任务描述

生产实践中，蛋用种鸡要求效率更高、品质更好。通过科学地进行种鸡的筛选和饲养管理，可以获得合格的种蛋并孵化出含有优良遗传基因的雏鸡。为了更好开展蛋用种鸡饲养管理工作，我们将按照图2-12和图2-13所示的内容完成学习任务。

图2-12 “按规程进行蛋用种鸡饲养管理操作”实施环节

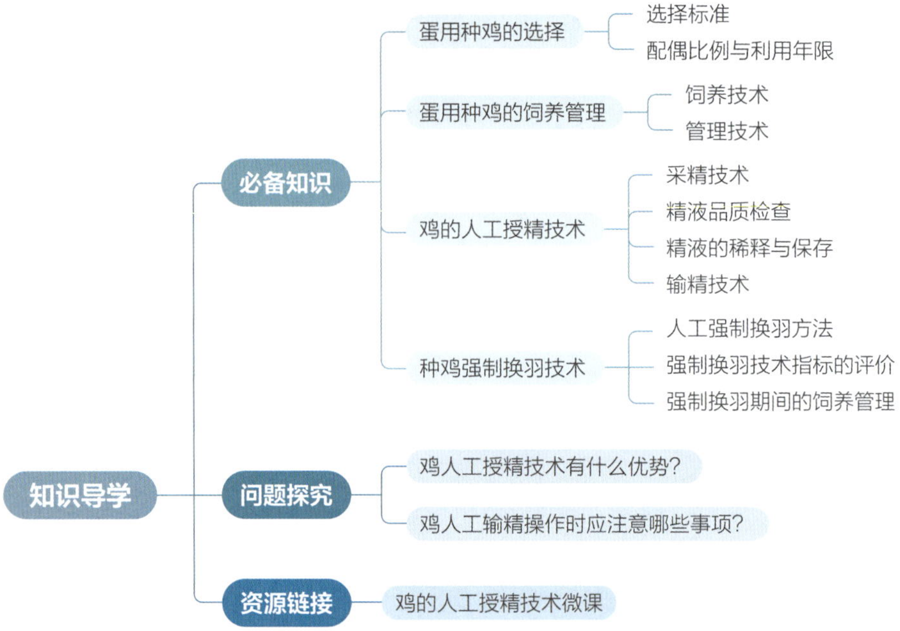

图2-13 “按规程进行蛋用种鸡饲养管理操作”知识思维导图

课前准备

一、学习资源准备

通过网络获取NY/T 1620—2016《种鸡场动物卫生规范》。

二、完成预习任务

1. 阅读学习相关资源，了解蛋用种鸡与商品蛋鸡的区别。
2. 查阅衡量蛋用种鸡饲养水平的生产指标。

三、完成课前讨论

1. 完成《学情分析表》(附录一)。
2. 在线提出预习中存在的问题，并进行相关讨论。

知识链接

一、必备知识

（一）蛋用种鸡的选择

父母代或祖代种鸡选择时主要看鸡的外貌有无缺陷，体重是否恰当，健康状况。

1. 选择标准

主要分四次选择，见表2-14。

表2-14　蛋用种鸡选择标准

选择次序	选择时间	公母比例	选留标准
第一次	1日龄	1：25	外观发育良好，体质健壮，肌肉结实，眼睛明亮有神，灵活敏捷，叫声清亮，腿脚粗壮
第二次	7周龄	1：30	体重较大，体况健康，发育匀称，冠大鲜红饱满直立的公鸡
第三次	18周龄	1：35	体大健壮，发育匀称，体重符合标准，外貌符合本品种特征
第四次	23周龄	1：40	采精训练反射好：按摩3次就能采到精液 精液数量：每次采精0.4～1mL 精子密度：3亿个/mL 精子活力：0.95以上

2. 配偶比例与利用年限

（1）配偶比例　一般蛋用种鸡均采用人工授精技术，公母留养比例为1:（20～30），实际使用时为1:（35～40）。如果采取平养公母留养，比例为轻型蛋种鸡1:（12～15），中型蛋种鸡为1:（10～12）。

（2）配种年龄　采用自然交配方式，即蛋用种鸡多在19周龄进行混群。若采取人工授精方式，当产蛋率达50%或蛋重达50g时即可实施人工授精技术。

（3）利用年限　一般父母代种鸡只利用一个产蛋年。有时因市场行情特别好或养殖场存栏量不足等原因可以利用第二个产蛋年。利用第二个产蛋年时将采用人工强制换羽技术。育种场的蛋用种鸡一般可利用2～3个产蛋年。

（二）蛋用种鸡的饲养管理

1. 饲养技术

（1）种母鸡的营养需要　要求一枚种蛋内所含的营养必须满足一个胚胎发育全过程需要。所以，种鸡日粮中各种营养必须全价。要求种母鸡日粮中的维生素B_2、吡哆醇和叶酸需要量要比商品蛋鸡高50%，泛酸的需要量是商品蛋鸡的5倍。提高日粮中的维生素水平，能增加种蛋中维生素的含量，满足胚胎发育的需要。高水平的维生素B_2、泛酸和维生素B_{12}对提高孵化率、雏鸡成活率有明显的效果。同时，要求种母鸡的微量元素需要量也要比商品蛋鸡高一些。

（2）种公鸡的营养需要　种公鸡的营养水平要比母鸡低。代谢能为10.87～12.12MJ/kg，8周龄前日粮中粗蛋白含量不低于18%，9周龄至种用结束，日粮中粗蛋白含量为11%～12%，如种用期采精频率高，则可将蛋白质的水平调至12%～14%。同时要注意氨基酸的平衡，在配种期添加精氨酸可以有效地提高精液品质。

（3）限制性饲养　当鸡群达40周龄时，鸡群产蛋率开始缓慢下降，此时要根据所饲养鸡的品种，决定是否进行轻度限饲，限制饲养方法与商品蛋鸡基本相同。

2. 管理技术

（1）饲养方式　我国蛋用种鸡以笼养为主，多采用二阶梯式笼养，母鸡饲养在产蛋笼中，公鸡实行单笼个体饲养，这样利于人工授精技术操作。

（2）舍内环境条件　育雏、育成期的温湿度标准与商品蛋鸡的相同，只有种公鸡对温度要求略高一些。

（3）种公鸡剪冠和断趾

①剪冠：种公鸡剪冠时间为1日龄，一般情况下初生雏公母鉴别后在孵化厂进行。剪冠时使用弯头手术剪刀沿头部皮肤基部从前至后将雏鸡的冠齿剪除，公鸡成年后长成无冠齿的秃冠。

②断趾：一般自然交配的公鸡于1～3日龄在养鸡场进行断趾，具体操作时利用断趾器将公鸡第一、二趾靠趾甲根部的关节处切去并灼烙止血。

（4）种蛋的收集与消毒

①收集时间：平养时公鸡混入母鸡群48h后即可采集种蛋；笼养时，连续两次人工授精后48h开始收集种蛋。种蛋要求定时收集，每天至少集蛋6次。最好从每天鸡群产蛋5%时开始拣蛋，每隔2h拣蛋一次，拣蛋时进行种蛋选择。

②种蛋消毒：每栋种鸡舍的附属用房中均设有种蛋熏蒸消毒柜，对拣出的种蛋及时熏蒸消毒后临时保存在储蛋室中，每天下午移交至种蛋库。消毒方法同前。

（5）强化免疫　开产前，种鸡必须接种新城疫疫苗、传染性支气管炎疫苗、减蛋综合征三联油佐剂灭活苗，产蛋期间接种新城疫-H9二联油苗等，必要时还要接种传染性脑脊髓炎疫苗。

（6）疾病净化　由鸡场保健部实验室负责定期对种鸡群进行血清学监测，如HI试验、AGP（琼脂扩散试验）/SPA（平板凝集试验），对能通过种蛋垂直传播疾病的鸡白痢、大肠杆菌等鸡只及时淘汰，对鸡新城疫等传染性疾病进行监测，通过净化鸡群大大提高种源的质量和鸡群的安全。

（三）鸡的人工授精技术

人工授精技术包括两部分，一是种公鸡的采精，二是种母鸡的输精。

1. 采精技术

（1）采精前的准备　在配种前1～2周，开始训练公鸡采精，隔天1次，一旦训练成功，则应坚持隔天采精。

（2）采精方法　采精方法主要有按摩法、电刺激法和台禽法。其中按摩法最适用于生产，是目前国内外采精的主要方法。而电刺激法和台禽法应用于水禽和特种禽类较多。按摩采精分腹部按摩、背部按摩、腹背结合按摩三种。腹背按摩通常由两人操作，一人保定公鸡，一人按摩与收集精液。具体操作如下。

保定公鸡：保定员用双手各握住公鸡一只腿，使双腿自然分开，拇指扣其翅，使公鸡头部向后，身体略向下倾斜，肛门朝上，类似自然交配姿势。

采精操作：操作者右手的中指与无名指间夹着采精杯，杯口朝外。左手掌向下，贴于公鸡背部，从翼根轻轻推至尾羽区，按摩数次，引起公鸡性反射后，左手迅速将尾羽拨向背部，并使拇指与食指分开，跨捏于泄殖腔上缘两侧，与此同时，右手呈虎口状紧贴于泄殖腔下缘腹部两侧，轻轻抖动摩擦，当公鸡露出交配器时，左手拇指与食指作适当压挤，精液即流出，右手及时用采精杯承接精液。对于已经建立起采精训练和性反射的公鸡，保定者抓住双腿，另一只手握住翼肩处，采精者一只手用拇指和食指呈八字形，沿腰部、耻骨从前向后用力按摩，交媾器就可以伸出而采精。

2. 精液品质检查

为了检查公鸡精液品质的优劣，要求在采精训练期间对每只公鸡的精液品质进行一次检查，采取人工授精过程中还要多次抽查。

（1）外观检查　正常精液为乳白色，不透明液体。混入血液为粉红色，被粪便污染为黄褐色，尿酸盐混入时呈粉白色棉絮状块；过量的透明液混入，精液稀薄，则见有水渍状。凡受污染的精液，品质均急剧下降，受精率不高，不适合人工授精使用。

（2）精液量的检查　可用具有刻度的吸管将精液吸入然后读数。由于受到年龄、季节、饲养管理、采精频率等因素的影响，其采精量不同。要求鸡每次采精量为0.25～0.5mL。

（3）活力检查　采精后20～30min内进行活力检查。取精液及生理盐水各一滴，置于载玻片一端，混匀，放上盖玻片。精液不宜过多，以布满载玻片、盖玻片的空隙而不外溢为宜。在37℃条件下，用200～400倍显微镜检查。若精子呈直线运动视为有受精能力，若精子呈圆周运动或摆动视为无受精能力。通常将精子活力分为0.1～0.9级；精子活力在0.6以上方为合格。

（4）密度检查　单位容积中精子数量的多少即为精子密度。品质好的精液密度大，而品质差的精液密度小。一般在显微镜下用平板压片法进行密度检查，按其稠密程度划分为密、中、稀3级。浓稠的精液中精子数量很多，密密麻麻的几乎没有空间，精子运动互相阻碍；稀薄的精液中，精子数量少，观察直线运动的精子很明显，精子与精子之间距离很大；介于二者之间的其密度为中级。公鸡一次射精的平均浓度为30亿个/mL，变化范围为5亿个/mL～100亿个/mL。

（5）pH检查　使用精密试纸或酸度计，便可测出pH。精液的pH呈中性，一般为6.8～7.6，过酸或过于碱性，精液品质都有问题，受精率较低。

（6）畸形率检查　取精液一滴于玻片上，抹片，自然干燥后，用95%酒精固定1～2min，冲洗，再用0.5%龙胆紫（或红、蓝墨水）染3min，冲洗，干后即在显微镜下检查。数300～500个精子中有多少个畸形精子，然后计算畸形率。

3. 精液的稀释与保存

采精后应尽快稀释，将精液和稀释液分别装于试管中，并同时放入30℃保温瓶或恒温箱内，使精液和稀释液的温度相等或接近，避免两者温度过大，造成突然降温，影响精子活力。稀释时稀释液应沿装有精液的试管壁缓慢加入，轻轻转动，均匀混合。高倍稀释应分次进行，防止突增稀释液而改变精子所处的环境。精液稀释的比例要根据精液品质和稀释液的质量而定。常用稀释比例以1:（1～2）为宜。

精液的保存分为常温保存和低温保存。其中，常温保存要求新鲜精液通过隔水降温，在18～20℃范围内保存不超过1h就要进行输精；低温保存在2～5℃条件下，精子处于休眠状态，保存时间为6h。

4. 输精技术

输精时两人操作，助手用左手握母鸡的双翅，提起，令母鸡头朝上，肛门朝下，右手掌置于母鸡耻骨下，在腹部柔软处施以一定压力，泄殖腔内的输卵管开口便翻出。输精员便可将输精器，向输精管口正中轻轻插入输精，此时保定员立即减轻腹压，并借助母鸡生殖孔回缩的力量将精液吸进。笼养母鸡人工授精，不必从笼中取出母鸡，只需助手的左手握住母鸡双腿，稍稍提起，将母鸡胸部靠在笼门口处，右手在腹部施以压力，输卵管开口外露、输精员便可注入精液。

（四）种鸡强制换羽技术

1. 人工强制换羽方法

（1）化学法　在饲料中添加氧化锌或硫酸锌，锌的用量占饲料的2%～2.5%。400日龄以上的鸡群连续采食7天，第8天开始喂正常产蛋鸡饲料，第10天即能全部停产，3周以后即开始重新产蛋。对于160～280日龄的开产时间不长的鸡群，喂给高锌饲料5天即可，第6天饲喂育成期饲料，见蛋后逐渐换成高峰产蛋饲料。饲喂高锌日粮强制换羽，鸡群一般在采取措施后5～7天停产，1个月左右恢复产蛋，第5周产蛋率可恢复到50%。换羽结束后鸡的体重减轻25%以上，基本无死亡或死亡率很低。

（2）饥饿法　400日龄以上的鸡群，停料时间以鸡体重下降25%～30%为宜。一般经过9～16天，对于160～280日龄的开产时间不长的鸡群，停料时间适当缩短。以饥饿法（快速换羽）应用较多，能使鸡群迅速停产，体重减轻快，脱羽快而安全，恢复产蛋快，产蛋性能较高；应激性强，死亡率偏高。

2. 强制换羽技术指标的评价

绝食天数取决于体重减轻程度，蛋鸡一般为8～12天。尽早停产可使鸡有一个较长的体力和机能恢复过程，一般要求实施措施1周内，使鸡群产蛋率下降到1%以下。失重率是决定强制换羽效果的一个核心指标，要求失重率为27%～32%，低于25%效果不佳。超过32%则死亡率增大。从强制换羽开始到产蛋率重新上升到50%，期间死亡率一般为3%～4%，最高不超过5%。绝食期间死亡率在3%以内是强制换羽成功的标准之一。恢复供料后应18天左右鸡群见第一枚蛋，40～45天产蛋率达到50%。

3. 强制换羽期间的饲养管理

（1）强制换羽期间的饲养　体重下降25%～30%时开始喂料。喂料要循序渐进，先喂育成料，逐渐增加喂料量至90g后自由采食。当产蛋率达1%～5%时改为产蛋鸡料，自由采食。此外饲料中要另外添加多种维生素，提高鸡群体质。

（2）强制换羽期间的管理　强制换羽前，首先把病、残、弱及低产鸡淘汰。多数育种公司在强制换羽前净化鸡群，使鸡群存在白血病、白痢、霉形体病但看不出来的鸡只被检测出来，减轻其疾病传播速度，减少换羽期间死亡率。

二、问题探究

1. 鸡人工授精技术有什么优势?
2. 鸡人工输精操作时应注意哪些事项?

三、资源链接

鸡的人工授精
技术微课

任务实施

规避风险提示

训练公鸡采精时注意安全操作。

一、按规程进行蛋用种鸡饲养管理操作

配图	管理项目	种母鸡操作方法	种公鸡操作方法
	选择二阶梯式笼养	每笼饲养3只母鸡	每笼饲养1只公鸡
	换料	转群后1周开始换料；各产蛋阶段需及时换料。公鸡要求饲料中蛋白质水平比母鸡高1%	
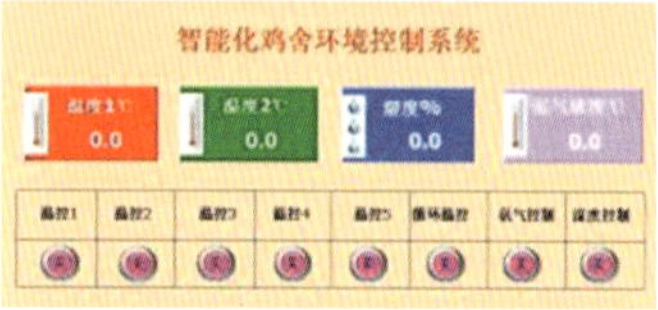	舍内环境	温度：20～25℃。 湿度：60%左右。 光照：16～17h/天，10～15lx	温度：21～26℃。 湿度：60%左右。 光照：12～14h/天，10～15lx
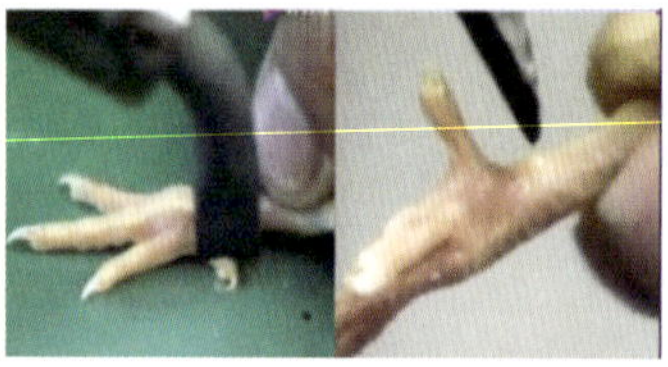	断趾	—	断趾时间：1日龄或6～9日龄。 断趾方法：用断趾器或电烙铁自趾尖生长点处切去第一趾和趾内侧的距，其余趾不切
	剪冠	—	1日龄用剪子把冠剪掉或35～45日龄用烧红的烙钳剪冠

配图	管理项目	种母鸡操作方法	种公鸡操作方法
	种蛋收集	开始收集时间：产蛋率达5%时，连续两次人工授精后48h开始收集。 收集次数：每天集蛋6次。 蛋重要求：50g以上	
	种蛋消毒	消毒间：温度保持24～27℃，相对湿度75%～80%。 消毒方法：熏蒸消毒。 消毒剂量：每立方米用甲醛28mL，高锰酸钾14g。 消毒时间：拣蛋后立即消毒，每次20～30min	
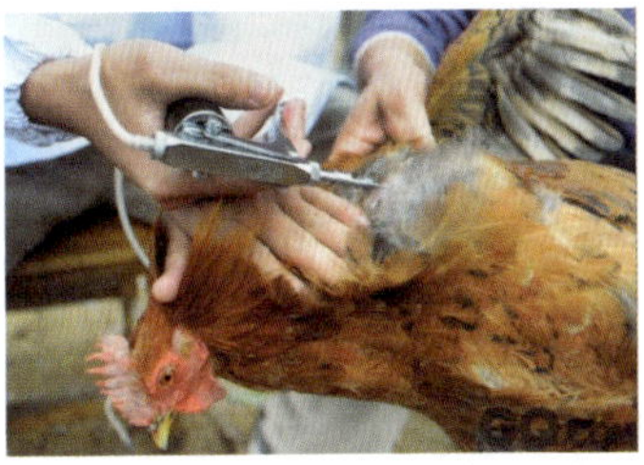	免疫接种	开产前：接种新城疫、传染性支气管炎、减蛋综合征三联油佐剂灭活苗，胸肌皮下注射0.8mL/只。 开产后：按免疫程序进行接种，如新城疫-H9二联油苗，必要时还要接种传染性脑脊髓炎疫苗	
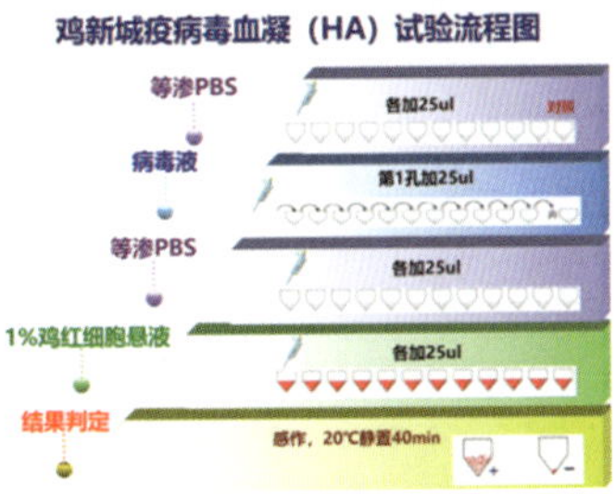	疾病净化	定期对种鸡群进行血清学监测，如HI试验、AGP（琼脂扩散试验）/SPA（平板凝集试验），用于检测禽流感等烈性传染病，也可用于净化受大肠杆菌、沙门菌污染的病鸡，发现病鸡及时淘汰	

二、鸡的人工授精技术操作

配图	操作内容	操作方法
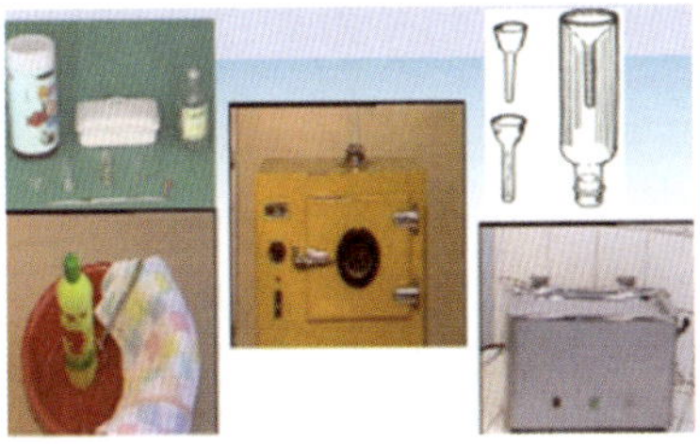	操作前准备	器械材料：集精杯6个，保温杯2个；0.05～0.5mL的刻度吸管6支，5～10mL刻度试管6支；输精器6把，酒精温度计6支；生理盐水3瓶；药棉200g。 人员配备：采精或输精均2人1组，其中1人保定，1人技术操作

配图	操作内容	操作方法
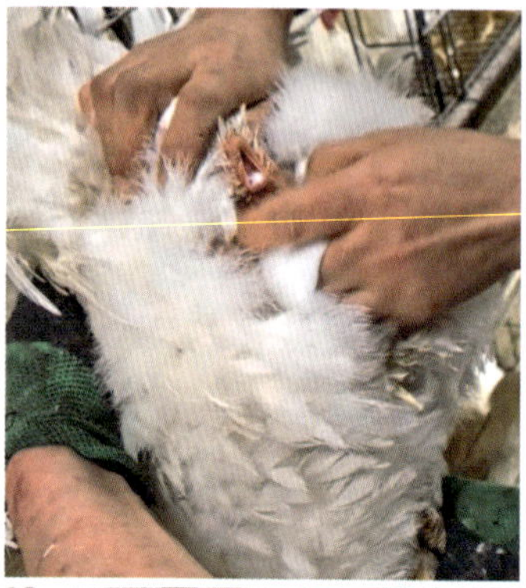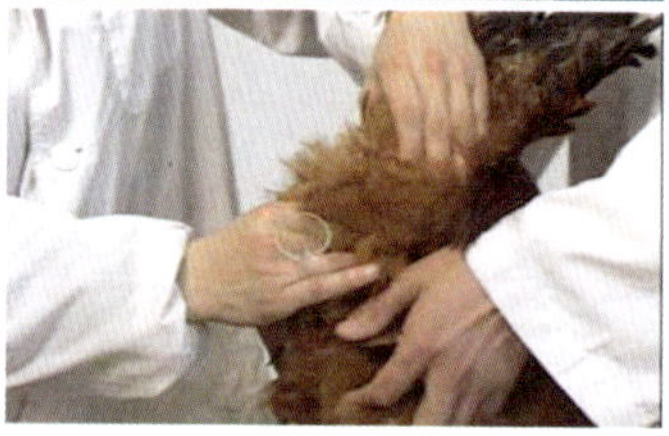	采精操作	采精方法：背腹式按摩采精。 采精操作：操作者右手的中指与无名指间夹着采精杯，杯口朝外。左手掌向下，贴于公鸡背部，从翼根轻轻推至尾羽区，按摩数次，引起公鸡性反射后，左手迅速将尾羽拨向背部，并使拇指与食指分开，跨捏于泄殖腔上缘两侧，与此同时，右手呈虎口状紧贴于泄殖腔下缘腹部两侧，轻轻抖动摩擦，当公鸡露出交配器时，左手拇指与食指作适当压挤，精液即流出，右手及时用采精杯承接精液
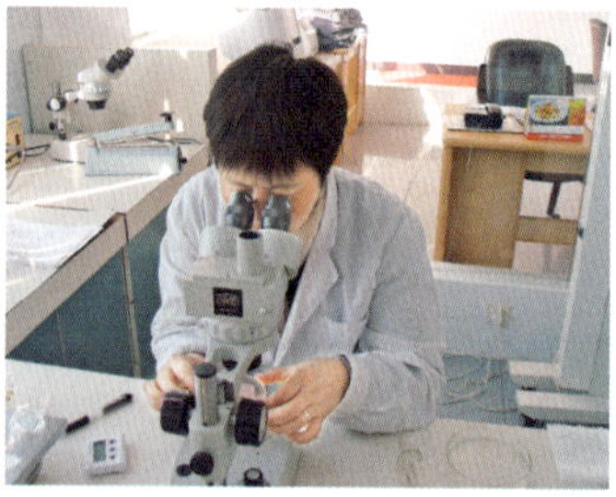	精液品质检查	外观检查：乳白色不透明液体，每次采精量为0.25～0.5mL。 显微镜检查：活力在0.6以上，平均浓度为30亿个/mL，数300～500个精子中有多少个畸形精子，然后计算畸形率。 pH试纸检测：6.8～7.6
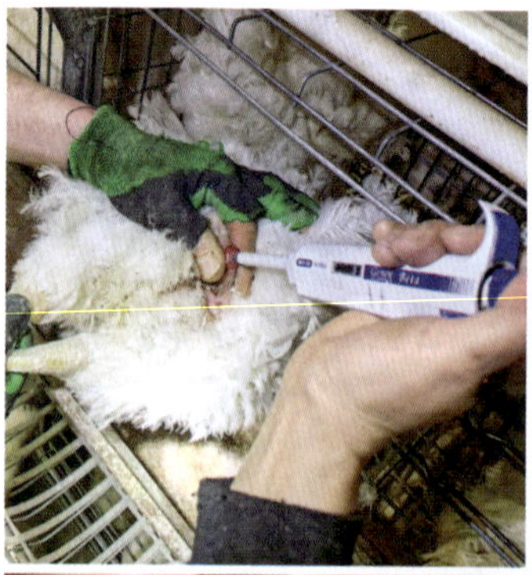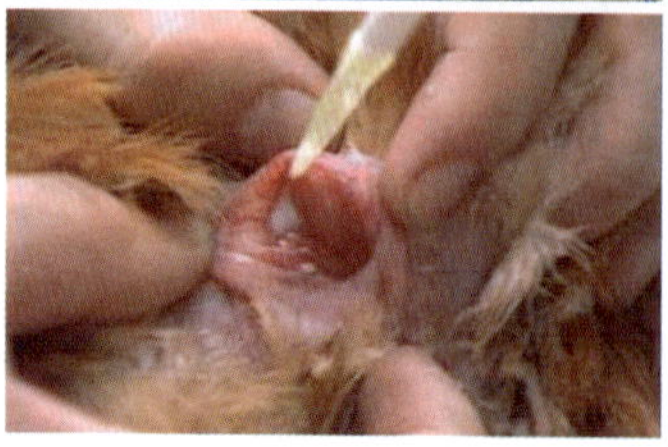	输精操作	保定母鸡：保定员左手握母鸡的双翅，提起，令母鸡头朝上，肛门朝下，右手掌置于母鸡耻骨下，在腹部柔软处施以一定压力，泄殖腔内的输卵管开口便翻出。 输精操作：输精员将输精器，向输精管口正中轻轻插入2～3cm，输入原精液 0.025mL/只（稀释1倍剂量则输精量为 0.05mL/只），此时保定员立即减轻腹压，并借助母鸡生殖孔回缩的力量将精液吸进。 输精时间：输精间隔5天，每天输精时间为15：00以后

三、人工强制换羽技术操作规程

1. 工作场景设计

本场现饲养着海兰褐父母代种鸡2万套，已饲养至60周龄，经济效益非常好，每枚种蛋销售价格比去年高0.8元，恰逢新培育的种鸡其育雏、育成效果不佳，打乱了正常的周转计划。根据上述两个原因，公司高层会议决定该批种鸡将采取饥饿法进行强制换羽，用以抢抓种鸡效益年盈利机遇并弥补育雏育成效果不佳造成的损失。

2. 技术指标

（1）绝食时间为8～12天。

（2）产蛋率下降70%时为换羽开始时间。

（3）失重率为27%～32%。

（4）换羽期间死亡率一般为3%～5%。

（5）从开始到恢复产蛋需30～40天。恢复供料后18天左右鸡群见第一枚蛋，40～45天产蛋率达到50%。

3. 饥饿法强制换羽程序（表2-15）

表2-15　饥饿法强制换羽程序

时间	主要措施		
	饲料	饮水	光照
第1～2天	绝食	停水	停光
第3天	绝食	停水或供水	8h
第4～12天	绝食	供水	8h
第13天	喂给育成鸡料30g/（只·天）	供水	8h
第14～19天	隔2天增加20g育成鸡料，19天时达到90g/（只·天）	供水	8h
第20～26天	自由采食育成鸡料	供水	8h
第27～42天	自由采食蛋鸡料	供水	每天增加0.5h
43天以上	自由采食蛋鸡料	供水	16h

注：高温季节停水要慎重，绝食时间为大致范围，以达到确定的失重率为准。

4. 强制换羽期间饲养操作

（1）换羽前食槽添加贝壳粉，每周每100只鸡添加2kg；防止啄食垫草、沙土、羽毛等物。

（2）体重下降25%～30%时开始喂料。喂料必须遵照循序渐进的增料原则，此时喂育成料。

（3）喂料量增至90g后自由采食。

（4）产蛋率达1%～5%时改为自由采食，喂产蛋鸡料。

5. 强制换羽期间管理操作

（1）强制换羽前严格挑选，首先把病、残、弱及低产鸡淘汰。

（2）要有足够的采食面积，保证所有的鸡能同时吃到饲料。

（3）定期称重。强制换羽后每周称测体重一次，以后每两天称重一次，在预定的实施期结束前几天，最好每天称重一次，以确定最佳的实施期结束日期。

（4）正常情况下，换羽期鸡群第1周死亡率不能超过1%，前10天不能超过1.5%，前5周不能超过2.5%，8周死亡率不能超过3%。

（5）在强制换羽前挑出已换或正在换羽的鸡，单独饲养，避免造成死亡。

（6）换羽不适合公鸡，因为公鸡的换羽会影响精液品质，建议更换年轻种公鸡，提高受精率。

（7）提前做好免疫和驱虫。换羽前1个月，应对鸡群加强一次新城疫病、传染性支气管炎和禽流感免疫，集中投1～2个疗程驱虫药，全部做好后再停料换羽。

（8）实施强制换羽时同时减少光照时间，把光照时间控制在8h/天。恢复光照时也逐渐增加。一般是在强制换羽第30天后，每周光照增加1～2h直至每天达16h后恒定。

学业评价

“按规程进行蛋用种鸡饲养管理操作”学业考核评价表

专业班级:＿＿＿＿＿＿　　姓名:＿＿＿＿＿＿　　考核时间:＿＿＿＿＿＿

评价方式	考核内容		评分标准	配分	得分	备注
自我评价（15%）	必备知识	雏鸡生理特点	熟记雏鸡生理特点，计3分，每少1个扣0.5分	3		通过平台在线进行自我评价
		育雏准备	熟记育雏准备项目及具体准备的内容，计10分，每少1个扣2分	10		
		运雏与接雏	了解运雏的要求，计1分；掌握接雏方法，计1分	2		

续表

<table>
<tr><th>评价方式</th><th colspan="2">考核内容</th><th>评分标准</th><th>配分</th><th>得分</th><th>备注</th></tr>
<tr><td rowspan="5">教师学业评价（50%）</td><td rowspan="5">任务实施</td><td>育雏计划的制订</td><td>能选择育雏品种，计2分；能确定订雏时间，计2分；能确定订雏数量，计2分；会拟定购雏合同，计2分</td><td>8</td><td></td><td rowspan="5">按任务达成程度进行评价</td></tr>
<tr><td>畜舍准备</td><td>能计算育雏舍面积，计2分；能估测鸡舍数量，计2分；能列出雏舍消毒步骤，计6分；会进行散味预热，计2分</td><td>12</td><td></td></tr>
<tr><td>育雏设备准备</td><td>能制订育雏设备准备名称，计14分，每少一项扣2分</td><td>14</td><td></td></tr>
<tr><td>饲料、疫苗、药品准备</td><td>能选择合适的饲料、疫苗和药品，计6分，每少一项扣2分</td><td>6</td><td></td></tr>
<tr><td>资金与饲养人员准备</td><td>会依据两种饲料，分别预测所需流动资金，计8分；能计算饲养人员数量，计2分</td><td>10</td><td></td></tr>
<tr><td rowspan="3">学生互评（35%）</td><td rowspan="3">学习过程考核</td><td>课前</td><td>参加学习资源准备，计5分；完成预习任务，计5分；参与课前讨论，计5分</td><td>15</td><td></td><td>组内互评</td></tr>
<tr><td>课中</td><td>严格遵守课堂纪律，计2分；有秩序地实施任务，并按时完成，计3分；积极参加问题探究，计2分；提出有意义的问题，计3分；完成小组分配的任务，计2分；在线抢答问题且答案正确，计3分</td><td>15</td><td></td><td>组间互评</td></tr>
<tr><td>课后</td><td>能按要求拟定完整的育雏准备方案，计5分</td><td>5</td><td></td><td>组内互评</td></tr>
<tr><td colspan="4">总计</td><td>100</td><td></td><td>—</td></tr>
</table>

注：90分及以上为优秀等级；75～89分为良好等级；60～74分为合格等级；60分以下为不合格。

课后拓展

- 种用小公鸡为什么要剪冠和断趾？将答案传至学银在线作业栏中。

自测练习

1. 在鸡的人工授精技术中，原精输精量为（　　）。

   A. 0.001～0.005mL/次　　B. 0.025～0.05mL/次

   C. 0.2～0.5mL/次　　D. 2～5mL/次

2. 鸡人工输精的间隔时间为（　　）。

   A. 2～3天　　B. 4～5天　　C. 9～10天　　D. 14～15天

3. 种鸡首次收集受精的种蛋，一般是人工输精后的（　　）最为适宜。

   A. 24h　　B. 48h　　C. 72h　　D. 96h

4. 强制换羽要求死亡率控制在（　　）以下。

   A. 4%　　B. 5%　　C. 6%　　D. 7%

模块三

肉鸡生产

任务一　肉用仔鸡减抗养殖

学习目标

知识目标

1. 了解肉用仔鸡常见品种的生产性能，会选择减抗养殖的品种；掌握颗粒料在肉仔鸡生产中的应用技术。
2. 掌握肉用仔鸡减抗养殖的综合措施和技术要点，熟悉肉用仔鸡科学饲养管理技术。
3. 熟悉肉用仔鸡疾病控制有效途径，掌握减抗养殖管理制度。

技能目标

1. 会选择适合减抗养殖的肉用仔鸡品种。
2. 能合理选用肉鸡全价配合饲料。
3. 会仿真设计肉用仔鸡减抗生产环境。

素养目标

1. 了解肉用仔鸡减抗养殖意义，认识该项目对国民经济和人类健康的影响，培养绿色养殖意识。
2. 了解肉用仔鸡对生产环境和饲料营养标准，不断提升责任意识和绿色养殖的理念。

任务描述

我国自2018年已经开展兽用抗菌药使用减量化行动试点工作，并制定了《全国兽用抗菌药使用减量化行动方案（2021—2025年）》（农牧发［2021］31号），“减抗”养殖对促进我国畜牧业高质量发展、提高资源利用率、提升国际市场竞争力具有重要的现实意义。随着我国肉用仔鸡集约化、大规模养殖，生产中使用抗生素总量偏多，给肉用仔鸡带来健康隐患，给人类带来抗药性，因此，肉用仔鸡减抗养殖势在必行。依据《全国兽用抗菌药使用减量化行动方案（2021—2025年）》（农牧发［2021］31号），我们将按照图3-1和图3-2所示的内容完成学习任务。

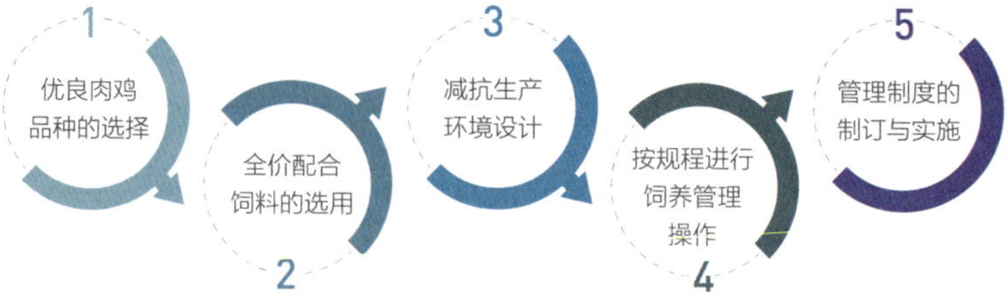

图3-1 “肉用仔鸡减抗养殖”实施环节

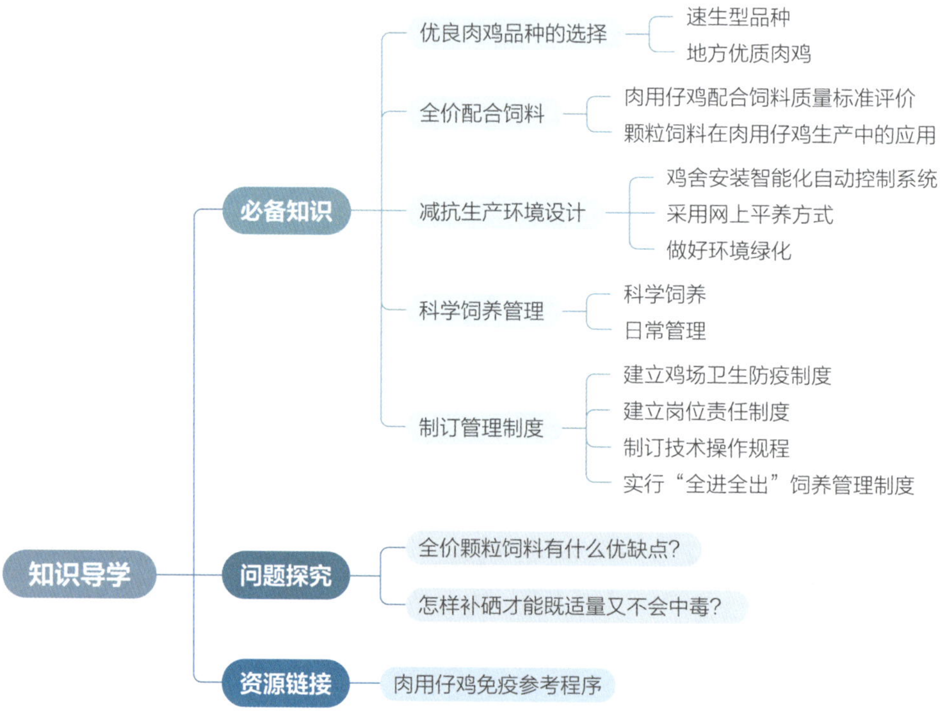

图3-2 “肉用仔鸡减抗养殖”知识思维导图

课前准备

一、学习资源准备

通过网络获取《全国兽用抗菌药使用减量化行动方案（2021—2025年）》（农牧发［2021］31号）、GB/T 40942—2021《畜禽饲料安全评价　肉鸡饲养试验技术规程》。

二、完成预习任务

1. 阅读学习相关资源，了解减抗养殖的起源。
2. 查阅肉用仔鸡生产特点。

肉用仔鸡生产特点

三、完成课前讨论

1. 完成《学情分析表》(附录一)。
2. 在线提出预习中存在的问题，并进行相关讨论。

知识链接

一、必备知识

（一）优良肉鸡品种的选择

肉鸡品种分速生型（快大）肉鸡和地方优质肉鸡。前者主要是引进国际上优良的品种爱拔益加（AA）肉鸡、科宝500、艾维茵肉鸡等；后者包括近年来陆续开始开发形成产业化的地方品种，如三黄鸡类、麻鸡类、乌鸡类等。

1. 速生型品种

（1）爱拔益加（Arbor Acres，AA）　简称为AA肉鸡。由美国爱拔益加育种公司培育而成，种鸡为四系配套，四个品系均为白洛克型。我国从1981年起，广东、上海、江苏、北京和山东等许多省市先后引进了该品种的祖代种鸡，随后父母代与商品代的饲养遍布全国，已成为我国白羽肉鸡市场上重要品种。

爱拔益加的生产性能为：商品鸡7周龄公鸡单养出栏平均体重3510g，料肉比1.845∶1；母鸡单养出栏平均体重2958g，料肉比1.987∶1；公母混养出栏平均体重3234g，肉料比1.91∶1。父母代母鸡175日龄开产，入舍母鸡产蛋数184.4枚，生产商品雏150.6羽，期末体重3950～4050g。

（2）科宝500（cobb 500）　是美国泰森食品国际家禽分割公司培育的白羽肉鸡品种。主要分布在欧洲和远东等地区，1993年初广州穗屏企业有限公司首次引进科宝父母代种鸡，现已分布于我国各地。

科宝500商品鸡42日龄上市，体重在2600g左右，累计采食量4655g，料肉比为1.765∶1，全期成活率95.2%，父母代24周龄开产，体重约2700g，30周龄达到产蛋高峰，产蛋率85%～87%，66周龄产蛋量175枚，生产商品雏117羽，全期受精率87%。

（3）艾维茵　是美国艾维茵国际家禽育种有限公司育成的白羽肉鸡，我国从1987年开始引进，在全国大部分省（自治区、直辖市）建有祖代和父母代种鸡场，是白羽肉鸡中饲养较多的品种。

艾维茵的生产性能，祖代生产性能入舍母鸡平均产蛋率母系60%，父系52%；累计产蛋数母系163枚，父系138枚，总蛋合格率为91%，平均孵化率母系为82%，父系为77%；

产蛋期41周龄母鸡成活率母系90%，父系85%。父母代生产性能入舍母鸡产蛋5%时成活率在95%以上，产蛋期死淘率为8%～10%，高峰产蛋率为86.9%，41周龄产蛋187枚，总蛋合格率94.6%，孵化率91%以上。商品代生产性能成活率97%以上。49日龄平均体重2615g，料重比1.89∶1。对球虫病、大肠杆菌病、慢性呼吸道病、腹水症等有较强的抵抗力。

2. 地方优质肉鸡

（1）三黄鸡类　石岐杂鸡，保留了地方三黄鸡种骨细肉嫩、味道鲜美等优点，克服了地方鸡生长慢、饲料报酬低等缺陷。肉仔鸡饲养3～4个月，平均体重在2kg左右，料肉比为（3.2～3.5）∶1。

惠阳胡须鸡又称三黄胡须鸡。该鸡具有肥育性能好、肉嫩味鲜、皮薄骨细等优点，深受广大消费者欢迎，尤其在港澳活鸡市场久享盛誉，售价也特别高。它的毛孔浅而细，屠体皮质细腻光滑，是与外来肉鸡明显的区别之处。在农家饲养条件下，5～6月龄体重可达1.2～1.5kg，料肉比（5～6）∶1。

湘黄鸡又称黄郎鸡、毛茬鸡、黄鸡，是湖南省肉蛋兼用型地方良种，在港澳市场享有较高的声誉。成年公鸡体重1.5～1.8kg，母鸡1.2～1.4kg。湘黄鸡体型小，早期生长较慢。在农家放牧饲养条件下，6月龄左右，公、母鸡平均体重为1kg；在良好饲养条件下，4月龄公、母鸡平均体重可达1kg。雏鸡长羽速度快，38天左右可以长齐羽毛。

长沙黄鸡克服了地方鸡种早期生长慢、饲料报酬低、长羽迟缓等缺点，保持了地方鸡种适应性强，肉质鲜美的优点，并具有黄喙、黄脚、黄毛的“三黄”特征，深受群众喜爱。该品种成年公鸡体重3～4kg，成年母鸡体重2～3kg，90天平均体重1.6kg，料肉比3∶1。

桃源鸡肉用性能较好。成年体重公鸡为3.5～4kg，母鸡2.5～3kg，24周龄公鸡半净膛率为84.9%、母鸡为82.06%；全净膛率公鸡为75.9%，母鸡为73.56%。

（2）麻鸡类　清远麻鸡成年公母体重分别为2.2kg和1.8kg，90日龄公、母平均体重为900g。

青脚麻鸡，成年种公鸡体型较大，体重一般为2kg左右，母鸡为1.5kg左右。产蛋量约150枚。蛋重45～50g。商品代依长速不同又分为优质型、中速型和快大型三种。其中，优质型青脚麻鸡一般90～100日龄体重在1.8kg左右；中速型一般70～90日龄体重达到2kg；快大型一般50日龄体重达到2kg，70日龄体重可达2.5～3.5kg。

（3）乌鸡类　丝毛鸡原产于我国，主要产区以江西泰和及福建泉州较为集中，现已遍布全国各地。又称“乌骨鸡”“武山鸡”，属于观赏型品种。

丝毛鸡其全身白毛如雪，反卷，呈丝状，其外貌特征具有“十全”和“六乌”特征。其中，“十全”特征包括红冠（红或紫色复冠）、缨头（毛冠）、绿耳、胡子、五爪、毛脚、丝毛、乌皮、乌骨和乌肉。“六乌”特征包括乌皮、乌骨、乌肉、乌眼喙、乌趾、乌内脏及脂肪。

成年公鸡体重1～1.25kg，母鸡体重0.75kg。年产蛋量约80枚，蛋壳浅褐色，既可肉用，又可观赏，还可药用，具有美容、抗衰老、抗癌的功效。

（二）全价配合饲料

1. 肉用仔鸡配合饲料质量标准评价

根据肉用仔鸡生长需求编写其饲料配方，按配合饲料质量标准进行评价，包括感官指标、水分、加工质量指标及配合饲料营养指标等项目。

2. 颗粒饲料在肉用仔鸡生产中的应用

颗粒饲料是全价配合饲料加入黏合剂经颗粒机压制而成，颗粒大小各不相同，营养成分能满足肉用仔鸡各阶段生长发育需要。由于颗粒饲料制作成本较高，因此，比较适合饲料报酬较高的肉用仔鸡生产中。

（三）减抗生产环境设计

1. 鸡舍安装智能化自动控制系统

鸡舍智能化自动控制系统依据中小型养鸡场的生产实际，按照肉用仔鸡舍内温湿度、光照、通风换气等卫生标准要求，设置温湿度控制仪与换气扇相结合、荧光灯与微电脑时控开关相结合、自动喂料机及自动清粪机与微电脑时控开关相结合、自动供水系统与自动饮水机相结合的自动控制系统运行参数，在没有工作人员的情况下自动进行喂料、饮水、控温控湿、光照、消毒等作业。不仅科学地控制了鸡舍小气候环境，还提高了劳动效率，大幅降低了肉用仔鸡患病的概率。

2. 采用网上平养方式

将肉用仔鸡饲养在舍内高出地面50～80cm高度的网上，网面质地多为塑料制品，一般制成宽1.5cm（网下可自动清粪）的通长框架结构，用坚固的支架撑起并能承受饲养人员在上面操作。网面要铺平，防止饲槽或饮水器倾斜而导致饲料浪费或舍内湿度过大。

3. 做好环境绿化

绿色植物可以利用太阳能吸收二氧化碳，放出氧气。槐、柳、梧桐等树木还可以吸收其他有害气体。绿化可以吸尘灭菌，净化空气，消灭有害微生物和病原菌。

（四）科学饲养管理

1. 科学饲养

（1）饮水技术　新购雏鸡进入调试好温度的育雏舍后约0.5h，待熟悉周围的环境后开始初饮。这样既有利于剩余卵黄的吸收和利用，同时有防止雏鸡脱水作用。

水质要求：1～7日龄饮用与室温大致相同的温开水，8～10日龄饮用温开水，11日龄后改饮自来水，饲养过程中要始终保持供水充足。

饮水营养液的使用：肉用仔鸡场为了快速给雏鸡补充营养、增加抵抗力、抗应激、缓解脱水和预防白痢病等，通常会使用饮水营养液，其配方可以因情况而定。常用配方：8kg温开水+20g甲硫氨酸+电解多维（或速补16、17）+0.3%白糖+预防白痢药，使用时间为1～3日龄，若鸡群弱雏较多则可延长2天。实践证明，饮水营养液对保证雏鸡健康、促进生长和降低首周死亡率有重要作用。

（2）喂饲技术　抓好开食工作：把握好开食时间，雏鸡在初次饮水2～3h后即可开食，或饮水半个小时后有30%雏鸡随意活动，并用喙啄食地面有采食行为时，就应及时开食。

开食用的饲料应该使用品质优良的肉仔鸡前期料，前3天喂饲的料型应为湿拌料，若采购的是颗粒饲料要将其粉碎。投料前将干粉料用饮水营养液拌成湿拌料。不提倡用适口性好的小米或其他饲料。

开食用具主要是雏鸡开食盘，3日龄时加设喂料器，待雏鸡适应后撤掉开食盘。

（3）提高均匀度的举措　计算均匀度的方法：群体平均标准体重±10%范围内所有鸡只数占全群鸡只数的百分比。在肉用仔鸡群中，正常的均匀度大约有75%的公鸡和78%的母鸡。

2. 日常管理

（1）温度管理　1日龄34～35℃，以后每天降低0.5℃，直到5周龄时，温度降至18～21℃，以后维持此温度不变。

（2）湿度管理　最适宜的湿度标准为0～7日龄70%～75%，8～21日龄60%～70%，以后降至50%～60%。湿度过高或过低对肉用仔鸡的生长发育都有不良影响。

（3）光照管理　按光照的时间分为连续、间歇和混合光照几种方法。

连续光照：目前饲养肉用仔鸡大多施行24h全天连续光照，或施行23h连续光照，1h黑暗。黑暗1h的目的是防止停电，使肉用仔鸡能够适应和习惯黑暗的环境，不会因停电而造成鸡群拥挤窒息。有窗鸡舍，可以白天借助于太阳光的自然光照，夜间施行人工补光。

间歇光照：指光照和黑暗交替进行，即全天施行1h光照、3h黑暗或2h光照、2h黑暗交替。大量的试验研究表明，施行间歇光照的饲养效果好于连续光照。但采用间歇光照方式，鸡群必须具备足够的采食和饮水槽位，保证肉用仔鸡足够的饮食时间。

混合光照：将连续光照和间歇光照混合应用，如白天依靠自然光连续光照，夜间施行间歇光照。要注意白天光照过强时需对门窗进行遮挡，尽量使舍内光线变暗些。

在整个饲养期中，光照强度原则是由强到弱。一般在1～7日龄，光照强度为20～40lx，8～21日龄为10～15lx，22日龄以后为3～5lx。在生产中，若灯头高度2m左右，1～7日龄为

4～5W/m²，8～21日龄为2～3W/m²，22日龄以后为1W/m²左右。灯泡安装要均匀，以灯距不超过3m，灯高2m为宜。

（4）通风换气　鸡舍内空气新鲜和适当流通是养好肉用仔鸡的重要条件，足够的氧气可使肉用仔鸡维持正常的新陈代谢，保持健康，发挥出最佳生产性能。进行通风换气时，要避免贼风，可根据不同的地理位置、不同的鸡舍结构、不同的季节、不同的鸡龄、不同体重，选择不同的空气流速。当舍内氨气含量超过20mg/kg时，对肉用仔鸡的健康有很大影响，氨气会直接刺激肉用仔鸡的呼吸系统，刺激黏膜和角膜，使肉用仔鸡咳嗽、流泪。氨气浓度对肉用仔鸡的影响见表3-1。

表3-1　氨气浓度对肉用仔鸡的影响

氨气/（mg/kg）	8周龄体重合格率/%	料肉比	胸部囊肿发生率/%	气囊炎发生率/%
0	100	2.1：1	3.4	0
25	98.1	2.15：1	14	3.5
50	94.5	2.19：1	11.9	4.1

（5）饲养密度　不同条件下，肉用仔鸡适宜的饲养密度有所不同，不同饲养方式和周龄其饲养密度可参见表3-2。

表3-2　不同的饲养方式和周龄肉用仔鸡的饲养密度参考

饲养方式	季节	周龄/周				
		1~2	3~4	5~6	7~8	9~10
笼养/（只/m²）	夏季	55	30	20	13	11
	冬季	55	30	22	15	13
网上平养/（只/m²）	夏季	40	25	15	11	10
	冬季	40	25	17	13	12
地面垫料平养/（只/m²）	夏季	30	20	14	10	8
	冬季	30	20	16	13	12

（6）控制疾病发生　若达到肉用仔鸡无抗养殖目标，最有效的方法是控制疾病发生，不用或少用兽药。

①严格消毒。入舍前，场内、舍内的一切设备、设施都应进行消毒处理。场内应有消毒池、洗浴室、更衣室、换衣室、消毒隔离间。职工经消毒后，穿工作服、工作鞋方能进入舍内，还要每天带鸡消毒1次。

②接种疫苗。制订免疫程序并严格执行。

③投药预防。应用于早期饲养中能预见且能预防的疾病，如白痢病、球虫病、营养性缺硒症等。

④隔离消毒。将健康与病患鸡隔离，将原场鸡与新引品种鸡隔离，隔离时间因要求而定。同时选用有针对性的消毒剂对患病鸡舍、用具、环境及废弃物严格消毒。

⑤净化鸡群。对早期发生白痢病和球虫病的雏鸡及时淘汰，一般淘汰的方法有焚烧法或深埋法。

⑥杀虫灭鼠。杀虫：害虫是肉仔鸡舍疾病的传染源或传播媒介，包括蚊、蝇和蜱等节肢动物的成虫、幼虫和虫卵。常用物理性、化学性和生物性三种方法杀虫。

灭鼠：鼠类作为人和动物多种共患病的传播媒介和传染源，可以传播许多传染病。在规模化养鸡场中，要根据鼠害的种类、密度、分布规律等生态学特点选择堵、挖、灌等适宜的方法灭鼠，但尽量不采用夹、压的方法，以免伤及落单于地面上的肉用仔鸡。

⑦防止应激。肉用仔鸡在生产过程中，很容易产生应激现象，最终将导致鸡的采食量下降，生长速度减慢，严重的可引起鸡只批量死亡，造成严重的经济损失。因此在生产中要严防各种应激发生，以减轻应激引起的不必要损失。

⑧鸡群观察。要注意观察鸡群状况，鸡群的饮水、采食、呼吸、行走及粪便颜色可直接反映鸡群的健康情况，以便及时地发现问题并采取有效的应对措施。

⑨做好日常记录。正确详实地做好记录，可以比较清楚地把握鸡群的生长状况，也便于日后总结经验改进工作，每日记录内容有实际存栏数、死亡和淘汰数、总耗料，记录死亡和淘汰鸡的症状和剖检所见病理变化等。

（五）制订管理制度

1. 建立鸡场卫生防疫制度

（1）场区卫生防疫制度　鸡场门口消毒池内要经常保持50～80cm深度的有效消毒液，由专人负责定期更换药液，每天更换1次；凡进入场内的车辆必须对车身车厢进行喷雾消毒5min；进入场区内的人员要洗手、消毒、换鞋，经紫外线照射消毒进入。

场区道路平坦易消毒，道路两旁植树绿化，设置排水沟，沟底硬化，不积水，有一定坡度，排水方向从清洁区流向污染区。

生活管理区要求卫生整洁，每隔2天对生产区环境消毒1次。鸡场食堂不允许采购场外鸡肉，场内禁止饲养其他畜禽。

非工作人员不得进入生产区，工作人员必须每日洗澡、更衣、消毒方能出入。

生产区净道和污道分开，工作人员、饲料车走净道，粪车、淘汰鸡、病死鸡走污道。每天要清除粪道的积粪，以免造成氨气浓度过大。

用过的废弃物如针头、药瓶、疫苗瓶药集中处理或烧毁；每天用过的纱布、试管、授精器具要清洗。

（2）舍内卫生防疫制度　新建鸡舍要求屋顶、墙壁和地面要光滑，使用前用消毒液消毒一次。饮水器、料桶和其他设备充分清洗消毒后方可进舍。

（3）粪便的无害化处理　鸡舍网床下设有贮粪池、清粪通道、传送带及舍外粪车。经粪车将鸡粪运到下风口处的发酵池中，发酵池规格为2000只鸡需7m^3，每天的鸡粪在发酵池内经堆积封闭后，可产生热量，使内部温度保持在80℃左右，从而杀死病原微生物和寄生虫卵，达到无害化处理的目的。

2. 建立岗位责任制度

鸡场的管理若做到人人都尽职尽责地工作，需要建立责权利相统一的岗位责任制度。即分工明确到工作职责、生产任务或饲养定额、必须完成的工作项目、规定奖罚细则等。

3. 制订技术操作规程

技术操作规程是肉用仔鸡场按科学管理要求制订的日常工作要求。主要对生产任务提出具体的生产指标，使饲养人员明确目标，重点管理；按不同的饲养阶段分步落实并采取先进的生产技术，比如免疫接种操作规程。

4. 实行“全进全出”饲养管理制度

“全进全出”是指同一栋鸡舍或全场在同一时间饲养同龄的肉鸡，且在同一时间出栏。现代肉用仔鸡生产均采用“全进全出”的饲养管理制度。全进全出的饲养方法，便于生产管理，可以实行统一的饲养标准、技术方案和防疫措施。肉用仔鸡出栏时可以成批屠宰、整批深加工。同时利用停养期对鸡舍彻底消毒，杜绝病原体的循环感染，降低全年总死亡数。

二、问题探究

1. 全价颗粒饲料有什么优缺点?
2. 怎样补硒才能既适量又不会中毒?

三、资源链接

肉用仔鸡免疫
参考程序

任务实施

规避风险提示

在使用减抗药物时注意药品使用安全。

一、优良肉鸡品种的选择

配图		肉鸡种类	选择依据
	速生型品种	爱拔益加（AA）	全身羽毛白色，单冠，冠、髯红色。体躯似圆球形，胸宽腿粗，肌肉发达，皮肤黄色，喙、颈短粗，尾羽短
	速生型品种	科宝500	体型大，胸深背宽，全身白羽，鸡头大小适中，单冠直立、冠髯鲜红，虹彩橙黄，脚高而粗
	地方优质肉鸡	三黄鸡	肥育性能好、肉嫩味鲜，克服了地方鸡生长慢、饲料报酬低等缺陷
	地方优质肉鸡	麻鸡	成年种公鸡体型较大，体躯较长，胸阔，头大小适中，齿冠分明，呈五指状，跖粗圆呈鲜黄色，羽毛鲜艳光滑；成年种母鸡头细，喙直而黄，冠尖疏而匀，颈短，背阔平直，后躯圆大，脚矮细而黄
	地方优质肉鸡	乌鸡	具有“十全”和“六乌”特征。既可肉用，又可观赏，还可药用

二、全价配合饲料的选用

配图	标准	选用项目	选用依据
	配合饲料质量标准评价	感官指标	色泽一致，无发霉变色、结块及异味
		水分	北方不高于14%，南方不高于12.5%
		加工质量指标	0～4周龄肉用仔鸡粉碎粒度1.5～2.5mm圆孔筛；4周龄以上肉用仔鸡粉碎粗度孔径为2.5～3.5mm圆孔筛。饲料混合均匀，均匀度变异系数不大于10%
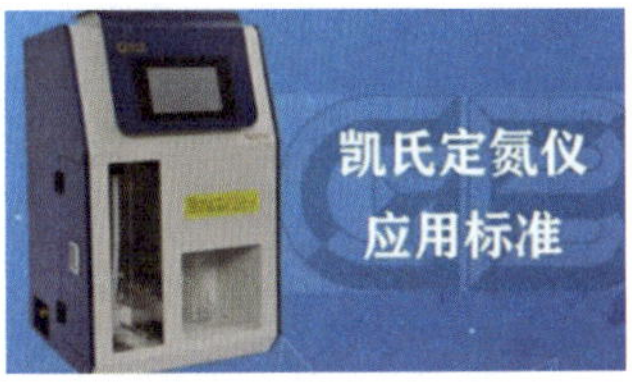		配合饲料营养指标	0～4周龄代谢能≥11.5MJ/kg，粗蛋白≥20%；4周龄以上代谢能≥11.93MJ/kg，粗蛋白≥18%。其他各项指标含量：粗纤维≤6%，钙1.2%～0.9%，总磷0.9%～0.65%
	颗粒饲料标准评价	饲料粒度	肉用仔鸡饲料的颗度要求：0～10日龄为颗粒破碎料，11～28日龄为直径2～3mm的颗粒饲料，29日龄至出栏为直径 3mm的颗粒饲料
		含粉率和粉化率	要求含粉率≤4%，粉化率≤10%

配图	标准	选用项目	选用依据
	颗粒饲料标准评价	营养水平	0～14日龄：饲料中蛋白质水平为21%～23%，含防病药物。 15～35日龄：蛋白质水平降低而能量增加。 36日龄至出栏：蛋白质水平较低，但能量水平增加，禁止使用药物和促生长剂

三、减抗生产环境设计

配图	设计过程	实施要求
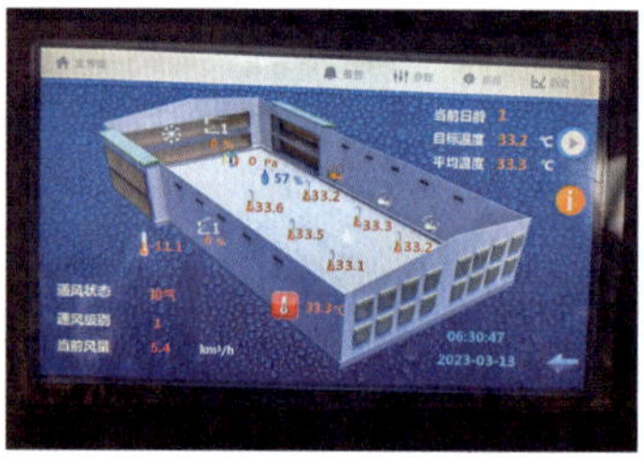	鸡舍安装智能自动控制系统	通过智能自动控制系统有效调节舍内温湿度、光照、通风换气等人工小气候环境。同时还能通过电脑或手机自动喂料和供水
	网上平养	网床由床架、底网和围栏组成，床架可就地取材，多为铁或木制成；底网多为塑料网或镀锌铁丝网；围栏可采用尼龙网或铁丝网
	环境绿化	鸡场周边种植乔木和灌木和高低混搭的树种作为防护林；鸡场各区或舍间以绿篱的形式种植隔离绿化带；鸡舍前后种植花草来净化空气

四、按规程进行饲养管理操作

配图	操作项目	操作内容	操作方法
	饲养操作	饮水操作	水质要求：1～7日龄温开水，7～10日龄温水。 饮水营养液配方（1～3日龄）：8kg温开水+20g甲硫氨酸+电解多维（或速补16、17）+0.3%白糖+预防白痢药。 饮水器数量：每1000只鸡15个饮水器。 饮水消毒：每天清洗消毒1次
		喂饲操作	原则：少喂勤添原则。 喂饲次数：第1周每隔3h喂饲1次，第2周起结合三暗一明光照法，给光时上料。 料型：颗粒状为佳，也可用粉料
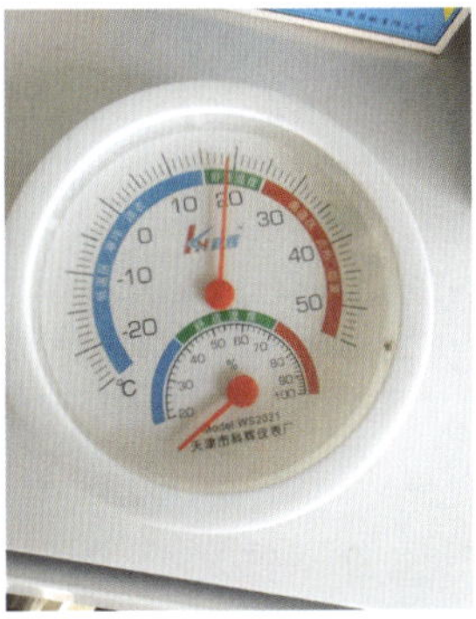	管理操作1	温湿度管理	温度标准：1日龄34～35℃，以后每天降低0.5℃，一直减到20℃为止，并保持恒定。 湿度标准：0～7日龄70%～75%；8～21日龄60%～70%，以后降至50%～60%
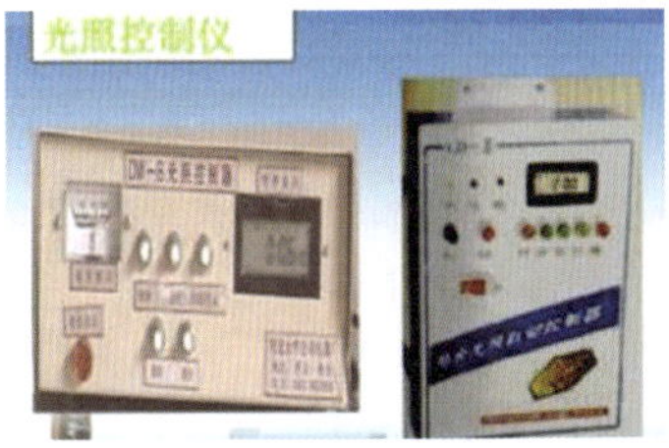		光照管理	在3日龄前24h光照，4～15日龄12h光照，以后每周增加4h光照，从第5周开始给予23h光照，1h黑暗至出栏。1～7日龄，光照强度为20～40lx，8～21日龄为10～15lx，22日龄以后为3～5lx
		通风换气	舍内氨气浓度不超过20mg/kg。通风换气的同时保持舍内的温度不发生剧烈的变化

配图	操作项目	操作内容	操作方法
	管理操作1	饲养密度	可根据仔鸡饲养密度的因素，如品种、周龄与体重、饲养方式、房舍结构及舍外气候等条件，做适当调整
	管理操作2	控制疾病	减少胸囊肿的发生
		防止应激	避免环境条件突变、噪声、管理不当、饲养不当等因素发生而引发应激现象
		适时出栏	科宝500：42日龄上市，体重达2600g左右

五、管理制度的制订与实施

配图	饲养操作	具体实施
	建立岗位责任制度	分工明确到工作职责、生产任务或饲养定额、必须完成的工作项目、规定奖罚细则等
	制订技术操作规程	技术操作规程是肉用仔鸡场按科学管理要求制订的日常工作要求。主要对生产任务提出具体的生产指标，使饲养人员明确目标，重点管理；按不同的饲养阶段分步落实并采取先进的生产技术
	实行“全进全出”饲养管理制度	“全进全出”：指全场或同一栋鸡舍，同一天进雏，饲养相同日龄后一起出栏。 最大特点是有一个停养期，可以彻底进行消毒

学业评价

“肉用仔鸡减抗养殖”学业考核评价表

专业班级：__________ 姓名：__________ 考核时间：__________

评价方式	考核内容		评分标准	配分	得分	备注
自我评价（15%）	必备知识	优良肉鸡品种的选择	掌握常见肉鸡和地方优质肉鸡品种，计2分；熟悉2个以上品种的特点，计2分	4		通过平台在线进行自我评价
		全价配合饲料	了解全价配合饲料评价，计2分；掌握颗粒饲料的应用，计2分	4		
		减抗生产环境设计	熟悉鸡舍安装智能化自动控制系统的作用，计1分；了解网上平养方式，计1分；掌握配合饲料营养指标，计1分	3		
		科学饲养管理	掌握科学饲养管理技术，计2分	2		
		制订管理制度	了解管理制度，计1分；熟悉全进全出制的内涵，计1分	2		
教师学业评价（50%）	任务实施	优良肉鸡品种的选择	按生产实际需求，会选择适宜的肉鸡品种，计5分；能说明所选肉鸡品种的理由，计5分	10		按任务达成程度进行评价
		全价配合饲料的选用	会选择全价配合饲料，计3分；能根据生产情况及时调整饲料营养成分，计3分	6		
		减抗生产环境设计	会使用鸡舍智能化控制系统，计3分；首选网上平养方式，计3分；参与讨论鸡场环境绿化，计3分	9		
		按规程进行饲养管理操作	能科学饲喂肉用仔鸡，计5分；能按规程进行管理，计5分；能根据生产实际情况因地制宜的制订饲养管理规程，计5分	15		
		管理制度的制订与实施	能参与管理制度的编制，计5分；能按要求进行正确的实施，计5分	10		
学生互评（35%）	学习过程考核	课前	参加学习资源准备，计5分；完成预习任务，计5分；参与课前讨论，计5分	15		组内互评
		课中	严格遵守课堂纪律，计2分；有秩序地实施任务，并按时完成，计3分；积极参加问题探究，计2分；善于发现并解决任务实施过程中的问题，计3分；与小组成员通力合作，有效沟通，计2分；在线抢答问题且答案正确，计3分	15		组间互评
		课后	能按要求清洁整理所用设备，计3分；及时进行学习场所的卫生清扫，计2分	5		组内互评
总计				100		—

注：90分及以上为优秀等级；75～89分为良好等级；60～74分为合格等级；60分以下为不合格。

课后拓展

- 分组研讨提高肉用仔鸡生产效率的措施，并通过学银在线传至网络平台，供大家分享。
- 查询肉用仔鸡减抗养殖的消毒方法。

提高肉用仔鸡生产效率的措施

肉用仔鸡减抗养殖的消毒方法

自测练习

1. 清远麻鸡的外貌特征是（　　）。

A. 三黄二粗一麻　　B. 三黄三粗一麻

C. 三黄二细一麻　　D. 三黄三细一麻

2. 肉仔鸡舍光照新法是指（　　）。

A. 三暗一明光照　　B. 二暗二明光照

C. 三明一暗光照　　D. 强长光照

3. 肉用仔鸡出栏时，要求80%的鸡只达到（　　）的体重标准。

A. 1kg　　B. 2kg　　C. 3kg　　D. 4kg

任务二　按规程进行肉用种鸡饲养管理操作

学习目标

知识目标	1. 了解肉用种鸡饲养方法，熟悉肉用种鸡各生产环节技术要点。 2. 掌握限制性饲养方法。
技能目标	1. 能制订肉用种鸡限制饲养方案。 2. 能够熟练地进行肉用种鸡产蛋期的饲养管理。
素养目标	通过对肉用种鸡限制饲养作用的学习，加深对科学就是第一生产力内涵的理解，提高标准养殖和绿色养殖的意识，培养严谨的工作作风。

任务描述

随着人们对肉用仔鸡需求数量不断增多，肉用种鸡生产受到养殖企业的高度重视，尤其是控制好肉用种鸡的体重是养好肉用种鸡的关键技术。做好肉用种鸡的饲养管理是十分重要的，我们将按照图3-3和图3-4所示的内容完成学习任务。

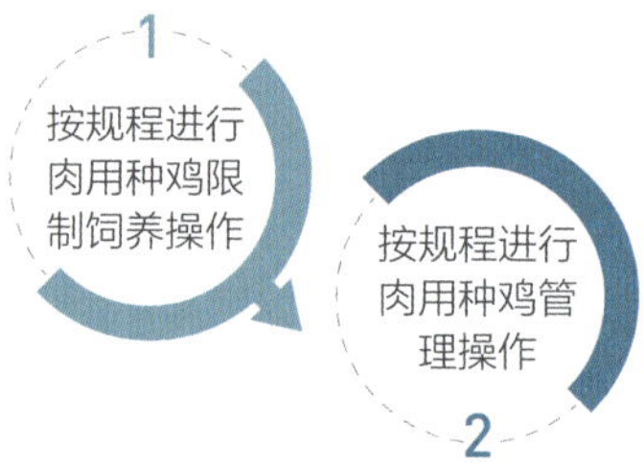

图3-3 “按规程进行肉用种鸡饲养管理操作”实施环节

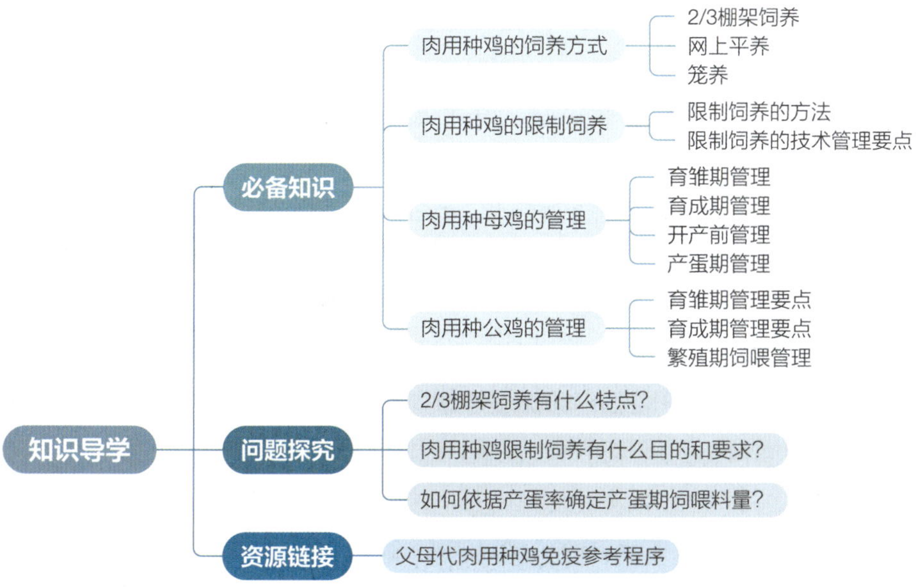

图3-4　“按规程进行肉用种鸡饲养管理操作”知识思维导图

课前准备

一、学习资源准备

通过网络获取T/SDAA 001—2019《817肉鸡制种技术规范》。

二、完成预习任务

1. 阅读学习相关资源，了解肉用种鸡的饲养标准。
2. 查阅大型肉用种鸡场的饲养规模及配套服务。

三、完成课前讨论

1. 完成《学情分析表》(附录一)。
2. 在线提出预习中存在的问题，并进行相关讨论。

知识链接

一、必备知识

(一)肉用种鸡的饲养方式

传统饲养肉用种鸡以地面平养为主，由于密度小、舍内易潮湿和窝外蛋较多等原因，现今很少采用。目前采用比较多2/3棚架饲养，少数为网上平养，并向笼养趋势发展。

1. 2/3棚架饲养

2/3棚架饲养是指有1/3为地面平养，居中央过道处，两侧各有1/3搭有棚架。棚架下方与地面之间设有隔离网以防止鸡只进入棚架下面，在棚架的一侧还设置斜梯，以便于鸡只上下活动。喂料设备和饮水设备置于棚架上。产蛋箱在棚架的外缘，排列方向与舍的长轴垂直，一端架在木条地板的边缘，一端悬吊在垫料地面的上方，其高度距地面60cm，便于鸡只进出产蛋箱，也减少占地面积。

2. 网上平养

用角钢或木条做成高于地面约50cm的支架，上铺平整的硬塑网做地板，周边用50cm高的金属网围栏，类似与肉用仔鸡的网上平养，只是增强了设施的支撑能力。

3. 笼养

较早的笼养是群笼，每笼养2只公鸡、16只母鸡。目前，应用较为普遍的是每笼饲养2只种母鸡或每笼养1～2只种公鸡，采用人工授精技术，既提高了饲养密度，又获得了高而稳定的受精率。

（二）肉用种鸡的限制饲养

1. 限制饲养的方法

限制饲养的方法有两种：一种是限制营养，另一种是限制料量。目前各国普遍采用限制料量的方法进行限制饲养，对生长速度快，仅凭限制料量无法达到预期效果的要同时限水。

（1）限制料量　限制料量的饲养方法有五种。

①每日限制饲养法：即每天按本周体重增长所需1天的饲料量在早晨一次性给料。每天给以限定的料量为自由采食量的90%左右。由于每日限制饲养法对鸡应激较小，限制饲养程度轻，适于23周龄以后开产后的肉用种鸡。

②“1/6”限制饲养法：即在每周内给料6天，停料1天（间隔停料），7天的饲料量分成6份，在喂饲日早晨一次性投给，另外1天不喂料只饮水。此法适用于4～5周龄及19-22周龄的鸡群。例如每只鸡每日应喂料60g，采用“1/6”限制饲养法，7天共投料420g，分为6份给料日应投给70g料。

③隔日限制饲养法：将2天的限喂料量1天喂完，另1天不给料只给饮水。此法对鸡的应激性比较大，适于生长速度最快、体重难以控制的6～8周龄鸡群。另外，体重超标的鸡群也可采用此法。

④“3/4”限制饲养法：即在每周内给料4天，停料3天（间隔停料），7天的饲料量分成4份，在喂饲日早晨一次性投给，另外3天不喂料只饮水。由于限制饲养强度较大，适用于生长速度很快的9～13周龄的鸡群。

⑤“2/5”限制饲养法：即在每周内给料5天，停料2天（间隔停料），7天的饲料量分成5份，在喂饲日一次性投给，另外2天不喂料只饮水。适用于生长速度较快的14～18周龄的鸡群。例如每只鸡日喂料100g，7天共投料700g，分成5份，给料日投给140g料。

限制饲养开始时间：从第4周龄开始限制饲养，1～3周龄自由采食。肉用种鸡限制饲养方法见表3-3。

表3-3　肉用种鸡限制饲养方法一览表

限制饲养程序	周一	周二	周三	周四	周五	周六	周日
每日限制饲养	√	√	√	√	√	√	√
隔日限制饲养	√	×	√	×	√	×	√
“1/6”限制饲养	√	√	√	√	√	√	×
“3/4”限制饲养	√	√	×	√	×	√	×
“2/5”限制饲养	√	√	√	×	√	√	×

（2）限制营养　采取措施使种鸡日粮中某种营养成分低于正常水平，采用低能量或低蛋白，甚至低赖氨酸的日粮，同时增加体积大的饲料，如糠麸、叶粉等，使鸡只采食同样体积的饲料却不能获得足够的营养物质，从而达到限制生长、控制体重的目的。

（3）限水　在喂料日上午投料前1小时至吃完料后1～2h充分给水，下午给水2～3次，每次不少于30min，关灯前1小时给水一次。在高温季节每小时给水一次，时间至少20min。舍温在30℃以上时不停水。在停喂日，清晨给水30min，上午给水2～3次，下午给水2次，关灯前1小时给水一次，每次30min。

2. 限制饲养的技术管理要点

（1）调群　限制饲养一般从第4周开始，限制饲养前应进行鸡只称重。根据体重大小将鸡分为大、中、小不同的鸡群。每隔4～6周调群一次，调群时要对全群进行逐只称重。调群时依据公母、大小、强弱等进行分群，小群以400～500只为宜，密度为7～15周龄，8～10只/m^2；16周龄后3.6～4.8只/m^2。分群的同时剔除病、弱、残鸡，并根据健康状况做好免疫、驱虫工作。

（2）控制均匀度　均匀度是指本周龄平均标准体重±10%范围内的鸡只数占鸡群总数的百分比率。鸡群均匀度的高低与产蛋量呈正相关，若以70%的均匀度为基础，鸡群的均匀度每增减3%，平均每只鸡每年的产蛋量亦相应增减4枚。一般的情况下，鸡群良好的均匀度应在80%以上，肉用种鸡各时期均匀度标准见表3-4。

（3）定期称重　称重的目的是为了及时了解鸡群的体重分布情况，并根据标准体重适时调群，合理增减饲料量，以提高鸡群的整群度。每周抽测体重1次，所称鸡只占鸡群比例越大，所得结果越真实。一般要求生长期抽测每栏鸡数的5%～10%，产蛋期为2%～5%。称重的时间最好固定在每周的同一天的同一时间。

表3-4　肉用种鸡各时期均匀度标准

周龄/周	均匀度/%
4～6	80～85
7～11	75～80
12～15	75～80
20以上	80～85

（4）确定饲养密度　保证饲养密度均衡和采食饮水槽位充足，具体要求见表3-5。

表3-5　限制饲养的饲养密度及条件

类型		饲养密度		采食槽位		饮水槽位		
		垫料平养/（只/m^2）	1/3垫料、2/3栅网	长食槽位/（cm/只）	料筒直径40cm/（个/100只）	长水槽/（cm/只）	乳头饮水器/（个/100只）	圆饮水器35cm/（个/100只）
母鸡	矮小型	4.8～6.3	5.3～7.5	12.5	6	2.2	11	1.3
	普通型	3.6～5.4	4.7～6.1	15.0	8	2.5	12	1.6
种公鸡		2.7	3～5.4	21.0	10	3.2	13	2.0

（三）肉用种母鸡的管理

1. 育雏期管理

（1）舍内温湿度控制　温度：雏鸡到舍后2天内保证伞下实感温度高达40℃，伞部边缘至少达30℃，舍内空气温度达32℃。

湿度：湿度对鸡雏有一定的影响，适宜的湿度应控制在50%～70%。要求前3天相对湿度保持在70%左右，若此时育雏期相对湿度低于50%会造成鸡只脱水现象，还易引起垫料粉尘，加重呼吸道疫苗的反应。

（2）饮水管理　在进雏前5h，就要准备好温开水，放在育雏舍内，而且要尽可能地延长雏鸡饮用温开水的时间，水温应达到26～28℃，7～10日龄时，要从温开水转换为自来水时，水中可适当添加抗生素，饮3～4天，一周后开始使用乳头饮水器，水中要加2～3mg/kg的氯，若是饮水或滴口免疫时要在免疫前后3天停用，并对饮水系统进行冲洗。

（3）饲喂管理　初饮后2h供给饲料，开食后8～10h时有80%的雏鸡嗉囊充盈，24h后95%的鸡只嗉囊充盈。

（4）光照管理　雏鸡到场时，光照强度应在50lx以上且分布均匀，主要便于雏鸡饮水与采食，第2周后可根据需要降低到5～10lx；光照时间尽力达到8h。

2. 育成期管理

（1）体重与均匀度的控制　体重与均匀度的控制主要通过限制饲喂方式实现的，从育雏第4周开始贯穿到整个育成期，以其获得生长发育良好的种鸡。

为了全面了解体重情况，要在4周龄末全群称重并分群一次。同时，8周龄时和12周龄分别再进行一次全群称重，这样15周龄时的各栏鸡只体重基本一致，均匀度也会达到期望值标准。

体重抽测采用“四同”方法。“四同”是指同一时间、同一衡器、同一地点、同一人员。

（2）把控饲料品质　控制好饲喂量和饲料品质是实现标准体重的最重要的举措。控制与调整料量要根据鸡的品种、体重目标及饲养环境条件酌情而定。

（3）采取合理的限制饲养方案　限制饲养方案是影响均匀度的又一个重要因素，一般情况下，肉用种鸡场的限制饲养方案为：1～3周龄，自由采食；4～5周龄，“1/6”限制饲养；6～8周龄，隔日限制饲养；9～13周龄，“3/4”限制饲养；14～18周龄，“2/5”限制饲养；19～22周龄，“1/6”限制饲养；23周龄以后，每日限制饲养。

（4）落实鸡场兽医卫生制度　严格落实兽医卫生防疫制度，采取定期药物预防、免疫接种、日常消毒、抗体测定及净化鸡群等措施来预防疾病的发生。

3. 开产前管理

肉用种鸡开产前饲养多指18～24周龄阶段。

（1）适时转群　为了使种母鸡有足够的时间熟悉新的环境，在开产前2～4周应转入产蛋鸡舍，一般均在20周龄左右转群。

（2）整群、免疫、用药　产蛋前期要做好整群工作，即做好鸡白痢、霉形体、新城疫抗体检测，清点鸡数，淘汰发育不良的鸡。整群时要注意避免应激现象产生。整群后方可做免疫接种工作。免疫3天后要做好消毒投药工作。在22周龄时，需给鸡群投放肠道细菌敏感药物和驱虫药物等。

（3）给予光照刺激　18周龄开始每周延长光照时间20～30min，逐渐延长到15～16h为止，并在产蛋期内保持这一光照时间。

（4）饲料的更换　从20周龄起，将育成料转为产蛋前期料，给料量继续增加，但仍控制料量。24周龄时再更换为产蛋期料。

（5）产蛋箱的管理　肉种鸡饲养到18～19周龄时，要将已消毒过的产蛋箱抬入鸡舍（或从上边放下来）。抬入或放产蛋箱时舍内要暗光，除1～2个灯泡正常照明外，其他的灯泡均关闭。若从上边放产蛋箱，从一端放一些，再从另一端放一些，两侧交替放置可减少鸡群应激。放产蛋箱同时也放置底板和垫料。在诱导母鸡进入产蛋箱的训练时，饲养员先在产蛋箱内放入母鸡，关上产蛋箱并让别的母鸡看到；也可将塑料材质的白色蛋型物放在窝内引诱母鸡进蛋产箱。但要防止鸡在产蛋箱内过夜、排便，因此按鸡常规产蛋时间定期打开或关闭产蛋箱。

放置产蛋箱的时间要在光照刺激之前放置好，否则会造成较大的应激。

4. 产蛋期管理

（1）种母鸡的营养管理　种母鸡产蛋期的营养需要特点是氨基酸平衡，钙含量高。因此，要求产蛋前期饲料中蛋白质、能量、微量元素、多种维生素和氨基酸高于育成期。产蛋后期，氨基酸和磷均低于产蛋前期，而钙含量高于产蛋前期。

（2）产蛋率管理　性成熟好的鸡群，产蛋率从5%上升到70%的时间不超过4周，每只鸡日产蛋率至少增加2.5%；产蛋率从71%～80%这段时间是关键时期，每只日产蛋率必须增加1%以上；从81%直至产蛋高峰来临时，每只日产蛋率仍上升0.25%。

（3）饲喂管理　主要指以下六个方面。

①产蛋率5%至高峰产蛋率的饲喂量。当产蛋率达到5%（约25周龄）时，喂料量增加5g，以后产蛋量每提高5%～8%，每只鸡增加3～5g料量，一般每周加料两次，当产蛋率达到36%～40%时，喂给最高量，均匀度好的鸡群14天就可以加到高峰料量。若均匀度不佳时大约20天加到最高料量，即每只鸡每天喂给160～170g。另外，22～35周龄时，每周两次电解多维饮水有助于产蛋高峰的到来。

②高峰后的喂料量。当产蛋率达到高峰后持续5天不再增加时，可每天每只鸡增喂2.5g料，统计随后4天的平均产蛋率，若比加料前有所提高，则加料量维持下去；若比加料前降低，则把增加的料量撤下来。然后，高峰产蛋量每下降4%～5%时，每只鸡减料2～3g，以后每当产蛋率下降1%时，每只鸡减料1g。

③掌握好鸡的采食速度。产蛋率为5%时，鸡吃完料的时间比较短，一般1～2h；当产蛋高峰期来临时吃完料的时间一般2～5h。不同的饲养方式，采食速度也有差异。地面垫料或棚架饲养时，采食快，吃完料一般2～3h；笼养时一般4h吃完料。

④饮水管理量。种鸡的饮水量取决于环境温度与采食量，当气温为32～38℃时与气温21℃比较，鸡只的饮水量要增加2～3倍。

⑤减少种蛋破损。减少种蛋破损率是提高种蛋合格率的重要措施。其方法很多，一是每天捡蛋4～5次，若有一次捡蛋超过30%时，要增加捡蛋的次数，每天可捡蛋6次，同时，减少窝里的存蛋，减少相互碰撞机会；二是夏季给鸡常饮维生素C和碳酸氢钠水，既可解暑又可保证蛋壳质量；三是产蛋后期要加喂石粉或贝壳粉，给鸡补钙，以防止蛋壳薄，结构不良，皱皮蛋、破损蛋增加；四是加强产蛋箱管理，窝内垫料要有一定的厚度，垫料太少，蛋易脏，且易和底板相碰，破损率提高，因此每天要检查并及时补入垫料；五是早晨开产蛋箱、晚上及时关，以防鸡在窝里过夜排便，减少脏蛋；六是笼养种鸡应该加强笼底管理，笼底有洞，笼网坡度小，笼里的阻挡物使蛋不能滚出来，蛋存在笼中被踩破或啄食。

⑥种蛋的卫生消毒。种蛋选完后马上用高锰酸钾和福尔马林熏蒸消毒（方法同种蛋消毒），消毒后注意运输卫生，尽早运往孵化厅。

（四）肉用种公鸡的管理

做好种公鸡育雏期、育成期和繁殖期的饲养管理，使种公鸡发挥出最佳生产潜力。

1. 育雏期管理要点

从出壳到5周龄采用自由采食，目的是使公鸡充分发育。在实际操作中，如果种公鸡的体重没有达到标准体重，可根据实际情况适当延长育雏料的饲喂时间。

2. 育成期管理要点

公鸡骨骼生长发育在8周之前大约完成85%，在12周之前大约完成95%，此阶段要换成育成料，并改为隔日限制饲养，饲养密度3.6只/m^2，当体重均匀度太差时要按照大、中、小进行分栏饲养。如果错过这个骨骼快速发育的时期，以后再补救的话就来不及了。

10～15周龄期间，睾丸和生殖系统开始快速发育，16～24周龄在生殖系统分泌的激素刺激下睾丸的质量迅速增加。这段时间的管理措施是首先要保证密度合适，并使雏鸡严格按照标准体重生长和发育。这段时间骨骼的大小与体重高低成正比，可以用每周称重的方式来简单了解鸡的生长趋势。此外，在日常管理中要注意多触摸鸡的胸肌，胸肌发育不好的要及时淘汰。

15～22周龄期间通过每周的称重及时挑出体重不达标的公鸡并淘汰，22周龄时公母可以混群饲养，混群后要密切关注公鸡的采食与体重，并在产蛋前期及时挑出不合格的种公鸡。

3. 繁殖期饲喂管理

24周龄后开始利用公鸡种用价值。

公鸡的喂料量特别重要，原则是在保持公鸡良好的生产性能情况下尽量少喂，喂量以能维持最低体重标准为原则，但不允许有明显失重。以AA种公鸡为例，27周龄后，公鸡每日喂料量为130～150g。喂料时，加料要准，各料桶加料要相等。种公母鸡营养需求及饲喂量不同，为了防止公鸡超重影响配种能力，混养的公母鸡必须实行分槽饲喂，料桶吊离地面41～46cm，随鸡背的高度而调整，以不让母鸡够到而公鸡立脚能够采食为原则。

控制好各阶段的公鸡体重。公鸡在21～36周龄期间，以23～25周龄增长最快，以后逐渐减慢；27周龄时体重达到成熟；28～30周龄时睾丸充分发育成熟，受精率达到高峰。36周龄后仍要重视公鸡体重的控制，公鸡每4周增重50～70g为宜。要注意使公鸡群的均匀度保持在80%以上，饲养末期公鸡体重要比母鸡重20%～30%。

二、问题探究

1. 2/3棚架饲养有什么特点?
2. 肉用种鸡限制饲养有什么目的和要求?
3. 如何依据产蛋率确定产蛋期饲喂料量?

三、资源链接

父母代肉用种鸡
免疫参考程序

任务实施

规避风险提示

肉用种鸡限制体重有失败的风险。

一、按规程进行肉用种鸡限制饲养操作

配图	操作内容	操作方法
	限制料量	每日限制饲养法；“1/6”限制饲养法；隔日限制饲养法；“3/4”限制饲养法；“2/5”限制饲养法
	限制营养	从第3～4周龄开始，逐渐饲喂低能量或低蛋白饲料，矿物质元素和维生素的供应必须充足
	限水	在喂料日上午投料前1h至吃完料后1～2h充分给水，下午给水2～3次，每次不少于30min，关灯前1h给水一次

二、按规程进行肉用种鸡管理操作

配图	管理内容	管理操作
	育雏期管理	从出壳到5周龄采用自由采食，采取笼养或网上平养
	育成期管理	更换为育成料，并改为隔日限制饲养。15~22周龄期间每周称重对体重偏小或偏高的公鸡进行饲料喂量的调整，采取高低高式平养或笼养
	繁殖期饲喂管理	公母鸡同栏分槽饲喂并控制好各阶段的公鸡体重

学业评价

“按规程进行肉用种鸡饲养管理操作”学业考核评价表

专业班级：__________　　姓名：__________　　考核时间：__________

评价方式	考核内容		评分标准	配分	得分	备注
自我评价（15%）	必备知识	肉用仔鸡饲养方式	掌握2/3棚架饲养特点，计1分；熟悉网上平养和笼养的特点，计2分	3		通过平台在线进行自我评价
		肉种鸡的限制饲养	掌握限制饲养的五种方法，计2分；掌握限制饲养技术管理要点，计2分	4		
		肉用种母鸡的管理	掌握舍内温湿度控制，计1分；掌握育成期的管理要点，计2分；掌握产蛋期的管理要点，计2分	5		
		肉用种公鸡的管理	掌握种公鸡的饲养管理要点，计1分；掌握公鸡繁育期管理要点，计2分	3		
教师学业评价（50%）	任务实施	按规程进行肉用种鸡限制饲养操作	能编制肉用种鸡限制饲养方案，计10分；能对肉用种鸡饲料配方进行评价，计10分；会进行肉用种鸡限水操作，计10分	30		按任务达成程度进行评价
		按规程进行肉用种鸡管理操作	能按要求科学确定小公鸡限饲时间，计5分；会更换育成期饲料，计5分；能对体重过大或过小的种鸡进行喂料量的调整，计5分；会进行公母鸡同栏分槽饲喂的操作，计5分	20		
学生互评（35%）	学习过程考核	课前	参加学习资源准备，计5分；完成预习任务，计5分；参与课前讨论，计5分	15		组内互评
		课中	严格遵守课堂纪律，计2分；有秩序地实施任务，并按时完成，计3分；积极参加问题探究，计2分；善于发现并解决任务实施过程中的问题，计3分；与小组成员通力合作，有效沟通，计2分；在线抢答问题且答案正确，计3分	15		组间互评
		课后	能按要求清洁整理所用设备，计3分；及时进行工作室的卫生清扫，计2分	5		组内互评
总计				100		—

注：90分及以上为优秀等级；75～89分为良好等级；60～74分为合格等级；60分以下为不合格。

课后拓展

- 肉用种鸡育雏期为什么使用立体笼养？请通过学银（或知到）在线传至网络平台，供大家分享。
- 查询肉用种鸡均匀度测定方法。

肉用种鸡为什么使用立体笼养？

肉用种鸡均匀度测定

自测练习

1. 种鸡蛋一般在孵化过程中移盘的胚龄为20～21天。(　　)
2. 5/2限制饲养是将7天的喂料量5天喂完，另有不连续的2天停料。(　　)
3. 肉用仔鸡对营养的要求严格，只要保证供给肉用仔鸡高能量、高蛋白的饲料就可以获得理想的饲养效果。(　　)
4. 在黑龙江省肉用仔鸡生产中，最适宜的饲养方式为网上平养。(　　)
5. 要求蛋用种鸡的种蛋合格率应高达95%以上。(　　)
6. 肉用种鸡限制性饲养是养殖成功的关键性技术。(　　)

模块四

水禽生产

任务一　水禽品种的选择

学习目标

知识目标	1. 能说出水禽品种选择的原则。 2. 了解典型的蛋鸭品种、肉鸭品种、小型鹅品种、中型鹅品种、大型鹅品种的产地、外貌特征和生产性能。
技能目标	1. 通过图片能判定蛋用鸭和肉用鸭、雌性鸭和雄性鸭。 2. 通过图片能识别小型鹅或中型鹅或大型鹅品种。
素养目标	通过学习北京鸭和狮头鹅的形成历史，了解中国千百年来的风俗习惯及优秀传统文化。

任务描述

鸭、鹅属于水禽类，饲养条件之一就是需要有优良的品种，依据《中华人民共和国畜牧法》中的规定，我们将按照如图4-1和图4-2所示的内容完成学习任务。

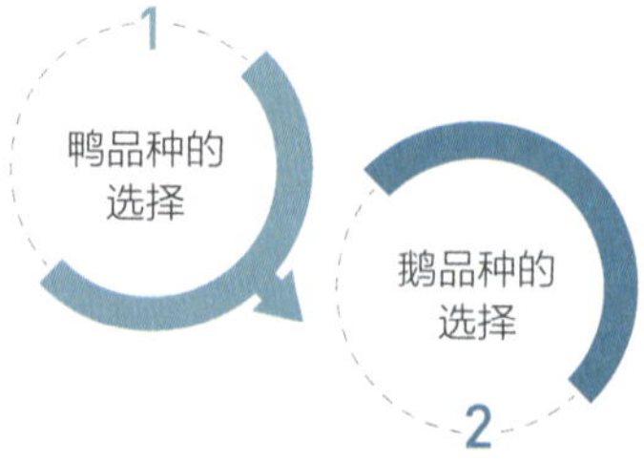

图4-1 “水禽品种的选择”实施环节

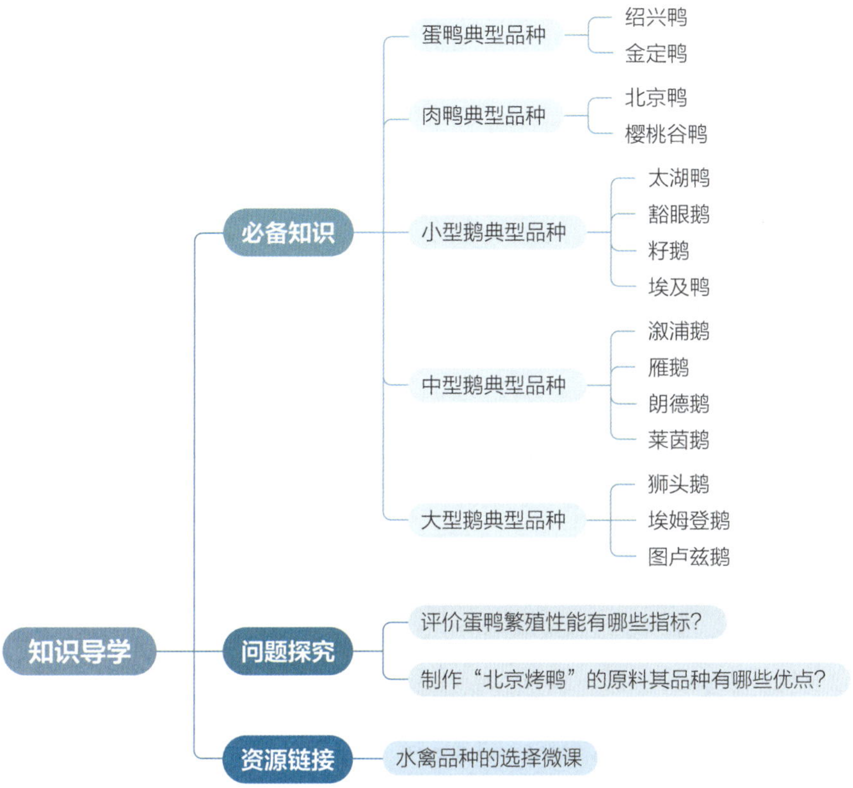

图4-2 “水禽品种的选择”知识思维导图

课前准备

一、学习资源准备

通过网络获取《中华人民共和国畜牧法》。

二、完成预习任务

1. 阅读学习相关资源，了解水禽的概念。
2. 查阅鹅的生物学习性。

三、完成课前讨论

1. 完成《学情分析表》(附录一)。
2. 在线提出预习中存在的问题，并进行相关讨论。

知识链接

一、必备知识

（一）蛋鸭典型品种

1. 绍兴鸭

绍兴鸭简称绍鸭，又称绍兴麻鸭、浙江麻鸭，是我国优良的高产蛋鸭品种，因原产地位于浙江旧绍兴府所辖的绍兴和萧山等县而得名，分布在江西、福建、湖南、广东、黑龙江等十几个省份。

初生重平均为38g，60日龄体重约860g，90日龄体重约1120g，成年体重约1450g。母鸭平均开产日龄110天，红毛绿翼梢母鸭平均年产蛋280枚，300日龄平均蛋重70g；带圈白翼梢母鸭平均年产蛋270枚，300日龄平均蛋重67g。蛋壳玉白色，少数白色或青绿色。公鸭性成熟期110天，公鸭每天交尾25次，高的达37次。母鸭配种比例为早春1：20，夏秋1：30。种蛋受精率约90%，受精卵孵化率约80%。公鸭利用年限1年，母鸭1~3年。

2. 金定鸭

金定鸭又名绿头鸭、华南鸭，因主产于福建省龙海市紫泥镇金定乡而得名，已有260年的历史，主要产区有龙海、同安、南安、晋江、惠安、漳州、漳浦、云霄、诏安等地。目前，福建省石狮市建有金定鸭原种场。

初生重平均为48g，60日龄公鸭体重约1038g，母鸭约1037g；90日龄公鸭约1465g，母鸭约1466g，成年公鸭约1760g，母鸭约1780g。母鸭平均开产日龄115天，平均年产蛋290枚，舍饲条件下平均年产蛋313枚，高达360枚，平均蛋重72g，蛋壳青色，少数白色。公鸭性成熟期110天，公母鸭配种比例1:25。种蛋受精率约90%，受精卵孵化率约89%。公鸭利用年限1年，母鸭3年。

（二）肉鸭典型品种

1. 北京鸭

北京鸭是世界上著名的肉用型标准品种，该品种具有生长发育快、育肥性能好的特点，是闻名中外“北京烤鸭”的制作原料，原产于北京西郊玉泉山一带，现已遍布世界各地。

雏鸭成活率为90%~95%，7周龄体重可达2.5kg，优良配套系杂交鸭体重在3kg以上。肉料比为1:3.5左右，成年公鸭体重3~4kg，母鸭2.7~3.5kg。性成熟期为150~180日龄，公母配种比例为1:5。年产蛋180~210个，蛋重90~100g，蛋壳白色。种蛋受精率在90%以上。受精卵孵化率在80%左右。

2. 樱桃谷鸭

樱桃谷鸭是英国林肯郡樱桃谷公司经多年培育而得的优良品种，又名快大鸭、超级鸭，迄今已远销61个国家和地区，是世界著名的瘦肉型鸭。樱桃谷鸭既耐寒又比较耐热，可以水养也能旱牧。此鸭性情温驯，不善飞翔，易合群，好调教，很少发生疫病，便于大群管理。

雏鸭初生重60g，成年体重公鸭4.0～4.5kg，母鸭3.5～4.0kg。在喂全价饲料和良好的管理条件下，白羽L系商品鸭29日龄体重2.6kg，肉料比1∶3.0，瘦肉率达70%以上，胸肉率23.6%～24.7%。父母代群母鸭性成熟期26周龄，年平均产蛋210～220枚。屠宰半净膛率为85%。全净膛率（连头脚）79%。

（三）小型鹅典型品种

1. 太湖鹅

太湖鹅原产于江、浙两省太湖一带，现遍布江苏、浙江、上海，东北、河北、湖南、湖北、江西、安徽、广东、广西等地，属于蛋肉兼用型品种，是世界上比较有名的一种小型高产品种。

雏鹅初生重为91.2g，放牧条件下饲养70日龄上市体重约2320g，圈养体重约2250g，料肉比为3.5∶1。成年公鹅体重4330g，母鹅3230g，成年公鹅的半净膛率和全净膛率分别为84.75%和79.75%；母鹅则分别为75.64%和68.73%。经填饲，平均肝重为251～313g，最大达638g。母鹅性成熟较早，160日龄即可开产，一个产蛋期（当年9月至次年6月）每只母鹅平均产蛋60枚，高产鹅群可达80～90枚，平均蛋重135g，蛋壳白色。公母鹅配种比例1∶（6～7）。种蛋受精率可达90%以上，受精卵孵化率可达85%以上，母鹅就巢性差，鹅群中约有10%的个体有就巢性，但就巢时间短。每年只鹅可产羽绒200～250g。

2. 豁眼鹅

豁眼鹅又称豁鹅、五龙鹅、疤拉眼鹅，因其上眼睑边缘后上方有明显豁口而得名，原产于山东莱阳地区，因集中产区地处五龙河流域，故曾名五龙鹅。该品种在新疆、广西、内蒙古、福建、安徽、湖北等地均有分布。

公鹅初生重70～78g，母鹅68～79g；60日龄公鹅体重1388～1480g，母鹅884～1523g；90日龄公鹅体重1906～2469g，母鹅1780～1883g。成年公鹅平均体重3720～4440g，母鹅3120～3820g；屠宰活重3250～4510g的公鹅，半净膛率78.3%～81.2%，全净膛率70.3%～72.6%；活重2860～3700g的母鹅，半净膛率为75.6%～81.2%，全净膛率69.3%～71.2%。仔鹅填饲后，肥肝平均重324.6g，最大515g。母鹅一般在210～240日龄开始产蛋，年平均产蛋80枚，在半放牧条件下，年平均产蛋100枚以上；饲养条件较好时，年产蛋120～130枚。平均蛋重120～130g，蛋壳白色。公母鹅配种比例1∶（5～7），种蛋受精率85%左右，受精卵孵化率80%～85%。母鹅产蛋高峰在第2～3年，利用年限不超过

3年。杂交代生产速度大幅度提高，70日龄仔鹅体重可达3200g以上，料肉比为2.9∶1。

3. 籽鹅

籽鹅主产区位于黑龙江省绥北和松花江地区，其中心肇东、肇源、肇州等地最多，黑龙江全省均有分布。

初生公雏体重89g，母雏85g；56日龄公鹅体重2958g，母鹅2575g；70日龄公鹅体重3275g，母鹅2860g；成年公鹅体重4000～4500g，母鹅3000～3500g。70日龄公母鹅半净膛率分别为78.02%和80.19%，全净膛率分别为69.47%和71.30%。母鹅开产日龄为180～210天，一般年产蛋在100枚以上，多的可达180枚，平均蛋重131.1g，最大153g。公母鹅配种比例1:（5～7），喜欢在水中配种，受精率在90%以上，受精卵孵化率均在90%以上，高的可达98%。

4. 埃及鹅

埃及鹅产于埃及，属于非洲类鹅品种，体型很小，成年公鹅体重为3.8kg，母鹅为3.0kg。母鹅产蛋很少，平均年产蛋6～8枚，蛋重145.8g。该品种鹅大多数为灰色羽和黑色羽，并点缀一些白色、微红褐色和淡黄色羽毛，属于观赏用品种。

（四）中型鹅典型品种

1. 溆浦鹅

溆浦鹅产于湖南省溆浦县溆流域，主产区位于怀化市溆浦县的新坪村、马田坪村、水车坪村及仲夏乡和麻阳苗族自治县的桐木溪村、大湾苗寨等地，在隆回、洞口、新化、安化等县也有分布。

溆浦鹅初生重122g，30日龄体重1539g，60日龄体重3152g。90日龄体重4421g，180日龄公鹅体重5890g，母鹅5330g。公母鹅6月龄肉鹅半净膛率分别为88.6%和87.3%；全净膛率分别为80.7%和79.9%。溆浦鹅产肝性能良好，成年鹅填饲3周，肥肝平均重为627g，最大肥肝重1330g。母鹅7月龄左右开产，一般年产蛋30枚左右。产蛋季节集中在秋末和初春两期，即当年的9、10月份和次年的2、3月份。每期可产蛋8～12枚，一般年产蛋2～3期，高产者有4期。平均蛋重212.5g。蛋壳以白色居多，少数为淡青色。公鹅6月龄具有配种能力。公母鹅配种比例1∶（3～5）。种蛋受精率97.4%。受精卵孵化率93.5%。公鹅利用年限3～5年，母鹅5～7年。

2. 雁鹅

雁鹅原产于安徽省西部的六安地区（主要是霍邱、寿县、六安、舒城、肥西）以及河南省的固始县。分布于安徽省各地和江苏省的镇宁丘陵山区。

一般公鹅初生重109.3g、母鹅106.2g，30日龄公鹅体重791.5g，母鹅809.9g。60日龄公鹅体重2437g，母鹅2170g。90日龄公鹅体重3947g，母鹅3462g。120日龄公鹅体重

4513g，母鹅3955g。成年公鹅体重6020g，母鹅4775g。成年公鹅半净膛率、全净膛率分别为86.1%和72.6%，母鹅半净膛率、全净膛率分别为83.8%和65.3%。一般母鹅开产在8～9月龄，年产蛋为25～35个，雁鹅有就巢性，母鹅就巢率达83%，常产一窝蛋即休产就巢孵化，一般可间歇产蛋3～4窝，因此雁鹅又被称为“四季鹅”。平均蛋重150g，蛋壳白色。公鹅4～5月龄有配种能力，公母鹅配种比例1:5。种蛋受精率85%以上，受精卵孵化率为70%～80%。雏鹅30日龄成活率在90%以上。公鹅利用年限2年，母鹅则为3年。

3. 朗德鹅

朗德鹅又称西南灰鹅，原产于法国西南部靠比斯开湾的朗德省，当地朗德鹅常与图卢兹鹅和玛瑟布鹅相互杂交进行鹅肥肝生产，经过长期选育逐渐形成了世界著名的肥肝专用品种。

成年公鹅体重7000～8000g，成年母鹅体重6000～7000g。8周龄仔鹅活重4500g左右。肉用仔鹅经填肥后，活重为10000～11000g，填饲后平均产肝820g，料肝比23.8:1。朗德鹅对人工拔毛耐受性强，每年拔毛2次的情况下羽绒产量为350～450g。性成熟期约180天，平均年产蛋30～40枚，蛋重180～200g，公母配种比例为1:3，种蛋受精率60%～65%，受精卵孵化率为80%左右，雏鹅成活率在90%以上。平均每羽母鹅可提供商品仔鹅16～20羽，母鹅有较强的就巢性。

4. 莱茵鹅

莱茵鹅原产于德国莱茵河流域，在欧洲大陆均有分布，后经法国克里莫公司选育，成为世界著名的肉毛兼用型品种。我国江苏省南京市畜牧兽医站种鹅场于1989年从法国引进莱茵鹅，在江苏兴化、高邮、金湖、洪泽、丹徒、建湖、六合、江浦、江宁、金坛、丹阳等地均有分布。

成年公鹅体重5000～6000g，母鹅4500～5000g。仔鹅8周龄活重为4200～4300g，料肉比为（2.5～3.0）:1，莱茵鹅能适应大群舍饲，是理想的肉用鹅种。但产肝性能较差，平均肝重为276g。母鹅开产日龄为210～240天，年产蛋量为50～60枚，平均蛋重150～190g。公母鹅配种比例1:（3～4），种蛋平均受精率74.9%，受精卵孵化率80%～85%。

（五）大型鹅典型品种

1. 狮头鹅

狮头鹅原产于广东饶平县溪楼村，历史上产区人民一直有“赛大鹅”的习俗，经过历代选育形成了大型鹅种。是我国唯一的大型鹅种，因前额和颊侧肉瘤发达呈狮头状而得名。由于狮头鹅可以作为肉用仔鹅和肥肝鹅的杂交父本，因此分布范围较广，目前北京、上海、黑龙江、广西、陕西、山西、山东等地均有分布。

成年公鹅体重8850g，母鹅为7860g。公鹅初生重134g，母鹅133g，30日龄公鹅体重2249g，母鹅2063g，60日龄公鹅体重5550g，母鹅5115g，70～90日龄上市未经肥育的仔鹅，公鹅平均体重6180g，母鹅5510g，公鹅半净膛率81.9%，母鹅为 84.2%，公鹅全净膛率71.9%，母鹅为72.4%。狮头鹅平均肝重600g，最大肥肝可达1400g，肥肝占屠体重约13%，料肝比为40：1。母鹅开产日龄为160～180天，第一个产蛋年产蛋量为24枚，平均蛋重176g，蛋壳乳白色。2岁以上母鹅，平均产蛋量28枚，平均蛋重217.2g。种公鹅配种时间在200日龄，公母鹅配种比例1:（5～6）。鹅群在水中进行自然交配，种蛋受精率70%～80%，受精卵孵化率80%～90%，30日龄雏鹅成活率可达95%以上。母鹅就巢性强，每产完一期蛋就巢1次，全年就巢3～4次。母鹅可连续使用5～6年。

2. 埃姆登鹅

埃姆登鹅原产于德国西部的埃姆登城附近，是一个古老的大型鹅种，19世纪经过选育和杂交改良引入英国和荷兰白鹅的血统，体型变大。我国台湾地区已引种。

成年公鹅体重9000～15000g，母鹅8000～10000g。60日龄仔鹅体重3500g。肥育性能好，肉质佳，用于生产优质鹅油和肉。羽绒洁白丰厚，活体拔毛，羽绒产量高。母鹅10月龄左右开产，年平均产蛋10～30枚，蛋重160～200g，蛋壳坚厚，呈白色。公母鹅配种比例1:（3～4）。母鹅就巢性强。

3. 图卢兹鹅

图卢兹鹅又称茜蒙鹅，是世界上体型最大的鹅种，19世纪初由灰雁驯化选育而成。原产于法国南部的图卢兹市郊区，主要分布于法国西南部。后传入英国、美国等欧美国家。

成年公鹅体重12000～14000g，母鹅9000～10000g，60日龄仔鹅平均体重为3900g。产肉多，但肌肉纤维较粗，肉质欠佳。易沉积脂肪，用于生产肥肝和鹅油，强制填肥每只鹅平均肥肝重可达1000g以上，最大肥肝重达1800g。母鹅开产日龄为305天，年产蛋量30～40枚，平均蛋重170～200g，蛋壳呈乳白色。公鹅性欲较强，有22%的公鹅和40%的母鹅是单配偶，受精率低，仅65%～75%，公母鹅配种比例1:（1～2），1只母鹅1年只能繁殖10多只雏鹅。就巢性不强，平均就巢数量约占全群的20%。

二、问题探究

1. 评价蛋鸭繁殖性能有哪些指标？
2. 制作“北京烤鸭”的原料其品种有哪些特点？

三、资源链接

水禽品种的选择微课

任务实施

> **规避风险提示**
> 在接触水禽时，注意禽的行为，避免误伤。

一、鸭品种的选择

配图	品种名称		选择依据
	蛋鸭典型品种	绍兴鸭	红毛绿翼梢母鸭平均年产蛋280枚，300日龄平均蛋重70g；带圈白翼梢母鸭平均年产蛋270枚，300日龄平均蛋重67g。蛋壳玉白色，少数白色或青绿色
		金定鸭	母鸭平均年产蛋290枚，舍饲条件下平均年产蛋313枚，高产达360枚，平均蛋重72g。蛋壳青色，少数白色
	蛋鸭典型品种	北京鸭	肉料比为1∶3.5左右，成年公鸭体重3～4kg，母鸭2.7～3.5kg
		樱桃谷鸭	白羽L系商品鸭29日龄体重2.6kg，肉料比1∶3.0，瘦肉率达70%以上，胸肉率23.6%～24.7%。父母代群母鸭性成熟期26周龄，年平均产蛋210～220枚。屠宰半净膛率为85%。全净膛率（含头脚）79%

二、鹅品种的选择

<table>
<tr><th>配图</th><th colspan="2">品种名称</th><th>选择依据</th></tr>
<tr><td></td><td rowspan="4">中型鹅典型品种</td><td>太湖鹅</td><td>属于蛋肉兼用型品种，成年公鹅的半净膛率和全净膛率分别为84.75%和79.75%；母鹅则分别为75.64%和68.73%。经填饲，平均肝重为251～313g，最大达638g。母鹅平均产蛋60枚，平均蛋重135g</td></tr>
<tr><td></td><td>豁眼鹅</td><td>成年公鹅平均体重3720～4440g，母鹅3120～3820g。仔鹅填饲后，肥肝平均重324.6g，最大515g。母鹅年平均产蛋80枚，平均蛋重120～130g，蛋壳白色</td></tr>
<tr><td></td><td>籽鹅</td><td>成年公鹅体重4000～4500g，母鹅3000～3500g。一般年产蛋在100枚以上，平均蛋重131.1g，最大153g</td></tr>
<tr><td></td><td>埃及鹅</td><td>体型很小，成年公鹅体重为3.8kg，母鹅为3.0kg。母鹅产蛋很少，平均年产蛋6～8枚，蛋重145.8g</td></tr>
</table>

配图	品种名称		选择依据
	中型鹅典型品种	溆浦鹅	公鹅体重5890g，母鹅5330g。成年鹅填饲3周，肥肝平均重为627g，最大肥肝重1330g。母鹅一般年产蛋30枚左右，平均蛋重212.5g
		雁鹅	成年公鹅体重6020g，母鹅4775g。年产蛋量为25～35枚，平均蛋重150g
		朗德鹅	成年公鹅体重7000～8000g，成年母鹅体重6000～7000g。每年拔毛2次的情况下羽绒产量为350～450g。平均年产蛋30～40枚，蛋重180～200g
		莱茵鹅	成年公鹅体重5000～6000g，母鹅4500～5000g。是理想的肉用鹅种，产肝性能较差。年产蛋量为50～60枚，平均蛋重150～190g
	大型鹅典型品种	狮头鹅	成年公鹅体重8850g，母鹅为7860g。狮头鹅平均肝重600g，平均产蛋量28枚，平均蛋重217.2g

配图	品种名称		选择依据
	大型鹅典型品种	埃姆登鹅	成年公鹅体重9000～15000g，母鹅8000～10000g。肥育性能好，肉质佳，用于生产优质鹅油和肉。羽绒洁白丰厚，活体拔毛，羽绒产量高。年平均产蛋10～30枚，蛋重160～200g
		图卢兹鹅	成年公鹅体重12000～14000g，母鹅9000～10000g，产肉多，但肉质欠佳。易沉积脂肪，用于生产肥肝和鹅油，肝重可达1000g以上。年产蛋量30～40枚，平均蛋重170～200g

学业评价

“水禽品种的选择”学业考核评价表

专业班级:＿＿＿＿＿＿　　姓名:＿＿＿＿＿　　考核时间:＿＿＿＿＿＿

评价方式	考核内容		评分标准	配分	得分	备注
自我评价（15%）	必备知识	蛋鸭典型品种介绍	掌握2种蛋鸭品种，计2分；熟悉蛋鸭品种的外貌特征，计1分	3		通过平台在线进行自我评价
		肉鸭典型品种介绍	掌握北京鸭的外貌特征，计2分；掌握樱桃谷鸭的外貌特征，计1分	3		
		小型鹅典型品种介绍	掌握小型鹅典型品种，计1分；掌握小型鹅品种外貌特征，计2分	3		
		中型鹅典型品种介绍	掌握中型鹅典型品种，计1分；掌握中型鹅品种外貌特征，计2分	3		
		大型鹅典型品种介绍	掌握大型鹅典型品种，计1分；掌握大型鹅品种外貌特征，计2分	3		
教师学业评价（50%）	任务实施	鸭品种的选择	按生产情境需要，正确选择蛋鸭品种，计10分；能说明选择理由，计5分；能按生产情境需要，正确选择肉鸭品种，计10分；能说明选择理由，计5分	30		按任务达成程度进行评价
		鹅品种的选择	按生产情境和资源条件，会选择适合本场生产的鹅的品种，计10分；能按鹅的品种图片，认识2种以上小型鹅的品种、中型鹅的品种及大型鹅的品种，计10分	20		

续表

评价方式	考核内容		评分标准	配分	得分	备注
学生互评（35%）	学习过程考核	课前	参加学习资源准备，计5分；完成预习任务，计5分；参与课前讨论，计5分	15		组内互评
		课中	严格遵守课堂纪律，计2分；有秩序地实施任务，并按时完成，计3分；积极参加问题探究，计2分；善于发现并解决任务实施过程中的问题，计3分；与小组成员通力合作，有效沟通，计2分；在线抢答问题且答案正确，计3分	15		组间互评
		课后	能按要求清洁整理所用设备，计3分；及时进行学习场所的卫生清扫，计2分	5		组内互评
总计				100		—

注：90分及以上为优秀等级；75～89分为良好等级；60～74分为合格等级；60分以下为不合格。

课后拓展

- 查阅我国哪些鸭的品种或鹅的品种进入世界品种志，通过学银（或知到）在线传至网络平台，供大家分享。

自测练习

1. 鹅产蛋量最高的产蛋年是（　　）。

   A. 第一产蛋年　B. 第二产蛋年　C. 第三产蛋年　D. 第四产蛋年

2. 肉用种鸭中，产于中国的著名品种是（　　）。

   A. 北京鸭　B. 瘤头鸭　C. 樱桃谷鸭　D. 狄高鸭

3. 我国培育的著名大型鹅品种为（　　）。

   A. 埃姆登鹅　B. 图卢兹鹅　C. 狮头鹅　D. 雁鹅

任务二　按规程进行鸭的饲养管理操作

学习目标

知识目标	1. 能说出雏鸭的育雏方式，写出雏鸭的选择标准，说出雏鸭的生理特点。 2. 掌握蛋鸭、肉鸭育成期的饲养要点。 3. 掌握蛋鸭与肉用种鸭的饲养管理方法。 4. 说出鸭的放牧饲养方法，写出肉鸭填肥技术生产过程。
技能目标	1. 能做好育雏准备工作，能进行雏鸭饮水和开食的操作。 2. 能根据雏鸭的行为表现调整好舍内环境条件。 3. 能拟订鸭的放牧方案；会肉鸭填肥操作。
素养目标	1. 在学习鸭需要有草有水的养殖条件时，认识到动物与自然和谐共生的关系，树立生态意识和环保意识。 2. 在学习鸭的饲养管理过程时，了解不同的饲养方式和饲喂技术其经济效益的差别，培养经营管理能力和创新精神。

任务描述

蛋鸭主要以产蛋为主要经济用途，肉鸭主要以产肉为经济用途，通过饲养管理使蛋鸭多产蛋，肉鸭多产肉。依据DB52/T 1461—2019《生态鸭养殖技术规程》，我们将按照如图4-3和图4-4所示的内容完成学习任务。

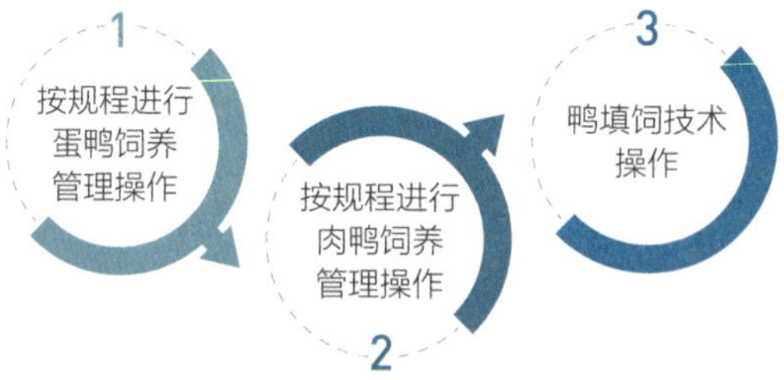

图4-3 “按规程进行鸭的饲养管理操作”实施环节

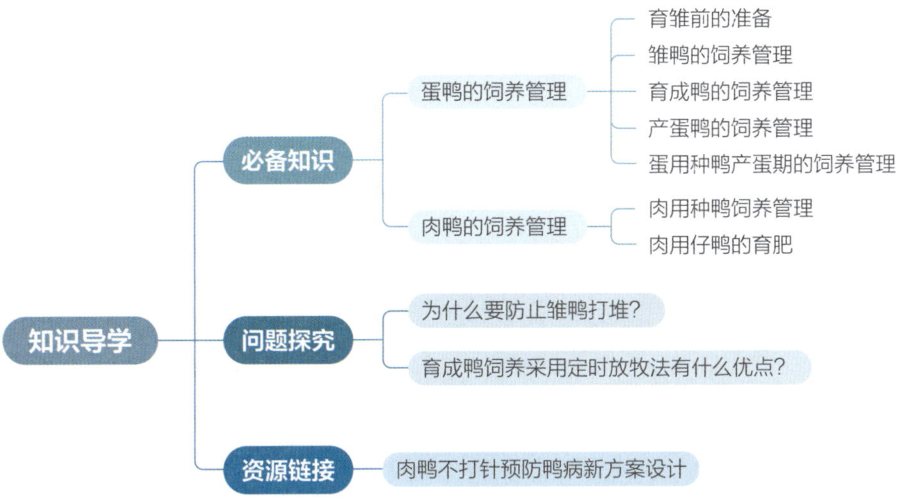

图4-4 “按规程进行鸭的饲养管理操作”知识思维导图

课前准备

一、学习资源准备

通过网络获取DB52/T 1461—2019《生态鸭养殖技术规程》。

二、完成预习任务

1. 阅读学习相关资源，了解育成鸭的生理特点。
2. 查阅蛋鸭常用饲料的大致配比范围。

三、完成课前讨论

1. 完成《学情分析表》(附录一)。
2. 在线提出预习中存在的问题，并进行相关讨论。

知识链接

一、必备知识

（一）蛋鸭的饲养管理

1. 育雏前的准备

4周龄以内的小鸭称为雏鸭，雏鸭的饲养是养鸭生产中非常重要的生产环节。

（1）育雏季节的选择　气候适宜的地域一年四季均可饲养，四季分明的地区进入产蛋高峰期要避开盛夏或严冬。若采用圈养方式，主要根据市场预测和需求决定育雏季节；若采用全期或部分靠放牧觅食天然饲料和农田落谷方式饲养，要根据自然条件和农田茬口来安排育雏的最佳时期。

（2）育雏方式的确定　地面育雏是指在育雏室地面铺垫一层清洁干燥、切短稻草或木屑，垫料切忌霉烂，要求干燥、清洁、柔软、吸水性强、灰尘少。常用的垫料有稻草、谷壳、锯末屑、碎玉米轴、刨花等。

目前，许多地面育雏采用厚垫料饲养，即直接垫上厚为15cm的垫料，遇脏湿情况逐层剔除，以此减少劳动量和舍内灰尘。

网上育雏是指在育雏舍内设置离地面50～80cm高的金属网、塑料网或竹木栅条，将雏鸭饲养在网上，粪便由网眼或栅条的缝隙落到地面上。立体笼育是指将雏鸭饲养在特制的多层金属笼或竹木笼内。根据鸭场的经济条件和自然优势选择不同的加温方式。按供温利用的热源不同可分为电热保温伞供温、热风炉供温和烟道加热育雏。

（3）其他准备　育雏室与育雏人员的准备及育雏饲料的准备。

2. 雏鸭的饲养管理

蛋鸭育雏期是指0～4周龄的雏鸭饲养阶段。

（1）雏鸭的饮水与开食　雏鸭出壳后第一次饮水称为“初饮”（也叫“潮水”“开水”），第一次采食称为“开食”。由于雏鸭极易脱水，所以，培育雏鸭要采取“早饮水、早开食，先饮水、后开食”的方法。

①初饮：初饮的时间多在出雏后24h左右或进入育雏舍1～2h后进行。

②开食：常在开水后进行，适宜时间为出壳后20～36h。将饲料撒在竹匾上或塑料薄膜上，让雏鸭自由采食。饲喂次数可由开食时的每天6～7次逐渐减少到育雏结束时3～4次。

（2）育雏期的日常管理

①放水：放水既能让雏鸭下水活动，促进新陈代谢，增强体质，还可清洗羽毛，有益于卫生保健等。放水要从小就开始训练，开始的前5天可与“开水”相结合起来，若用水盆给水，可以逐步提高水的深度，然后将水由室内逐步转移到室外。雏鸭下水的时间，开始每次

10～20min，可以上午、下午各1次，10日龄以后适当延长下水活动的时间，随着水上生活的不断适应，次数也可逐渐增加。

②放牧：雏鸭能自由下水活动后，就可进行放牧训练。放牧训练的原则是：距离由近到远，次数由少到多，时间由短到长。开始放牧时间不能太长，每天放牧两次，每次20～30min。随着日龄的增加，放牧时间可以逐渐延长，次数也可以增多。

③及时分群：雏鸭分群是提高成活率的重要环节之一。雏鸭在初饮前，应根据出雏的迟早、强弱分开饲养。

④防止打堆：雏鸭胆小，刚出壳时常挤堆而眠，体弱的雏鸭往往被压伤或压死，或因堆挤受热而使雏鸭“出汗”受凉感冒或感染其他疾病造成死亡。为防止雏鸭挤堆，应将雏鸭进行分栏和每隔2h驱赶1次，放水上岸后应有充分的理毛时间，以保持舍内干燥，可减少雏鸭的打堆。

⑤保持卫生：每日清除棚内鸭粪，垫草要勤换勤晒，食槽要经常冲洗干净，禁止饲喂腐败变质的饲料，并保持周围环境卫生。

（3）育雏期的环境控制

①温度。1～7日龄为30～25℃；8～14日龄为25～20℃；15～21日龄为20～16℃，21日龄以后保持15℃。

②湿度。育雏初期育雏舍内需保持较高的相对湿度，一般以60%～70%的相对湿度为宜。随着雏鸭日龄的增加，育雏舍的相对湿度以50%～55%为宜。

③通风换气。育雏室要定时换气，朝南的窗户，要适当敞开，以保持室内空气新鲜。但任何时候都要防止贼风直吹鸭身上以免受凉感冒。

④密度。合理的育雏密度见表4-1。

表4-1 雏鸭育雏的密度

密度/（只/m^2）				
日龄/天		1～10	11～20	21～30
加温育雏	夏季	30～35	25～30	20～25
	冬季	35～40	30～35	20～25
自温育雏		以直径35～40cm的箩筐为例，第1周每筐在15只左右，1周后约10只		

⑤光照。第1周，每昼夜光照可达20～23h；第2周开始，逐步降低光照强度，缩短光照时间；第3周起，要区别不同情况，如上半年育雏，白天利用自然日照，夜间以较暗的灯光通宵照明，只在喂料时用较亮的灯光照0.5h；如下半年育雏，由于日照时间短，可在傍晚适当增加光照1～2h，其余仍用较暗的灯光通宵照明。

（4）育雏期的疾病控制　病害的发生往往取决于两个因素，即环境或鸭本身致病因素的存在和鸭体自身抵抗力的强弱。因此，育雏期的疾病控制要坚持“预防为主、防重于治”的方针，通过综合预防措施的落实，消灭传染源，切断传染途径，建立健康群体，确保疾病的少发生或不发生。

做好日常检查工作，要定时对鸭群的采食量、饮水表现、粪便、精神、活动、呼吸等情况进行观察，随时掌握鸭群健康状况，以切实做到鸭病的“早发现、早诊断、早治疗”。

3. 育成鸭的饲养管理

蛋鸭育成期一般指5～16周龄或18周龄开产前的青年鸭，这个阶段称为育成期。根据育成鸭的饲养方式采取相应的饲养管理措施。

（1）舍内饲养　育成鸭饲养的全程始终在鸭舍内进行，称为全舍饲圈养或关养。一般鸭舍内采用厚垫草（料）饲养，或是网状地面饲养、栅状地面饲养。

（2）半舍饲　鸭群固定在鸭舍、陆上运动场和水上运动场，但不外出放牧。

（3）放牧饲养　放牧饲养是我国传统的饲养方式。放牧时在平地、山地和浅水、深水中潜游觅食各种天然的动植物性饲料，节约大量饲料，降低生产成本，同时使鸭群得到很好锻炼，增强体质，最常见的放牧方法有以下3种。

①一条龙放牧法：这种放牧法一般由2～3人管理（视鸭群大小而定），由最有经验的牧鸭人（称为主棒）在前面领路，另有两名助手在后方的左右侧压阵，使鸭群形成5～10层次，缓慢前进，采食稻田的落谷和昆虫。这种放牧法适于将要翻耕、泥巴稀而不硬的落谷田，宜在下午进行。

②满天星放牧法：即将鸭驱赶到放牧场地后，不是有秩序地前进，而是让鸭群散开来，自由采食，先将具有迁徙性的活昆虫吃掉，留下大部分遗粒，以后再放。这种放牧法适于干田块，或近期不会翻耕的田块，宜在上午进行放牧。

③定时放牧法：群鸭的生活有一定的规律性，在一天的放牧过程中，要出现3～4次积极采食的高峰，3～4次集中休息和浮游。

4. 产蛋鸭的饲养管理

育成鸭养到临产蛋前，经过逐只挑选，将符合要求的转入成年鸭舍饲养，母鸭从开始产蛋至产蛋期结束被淘汰，这个阶段称为产蛋鸭。

（1）产蛋鸭的分期饲养管理要点　根据绍兴鸭和金定鸭产蛋性能的测定，150日龄开产，190～200日龄时达产蛋率90%以上。如果饲养管理精细，高峰期可延长至450日龄以上。通常第一个产蛋年产蛋量最高，以后逐年以25%左右下降。蛋鸭的产蛋期可分为以下四个阶段：150～200日龄为产蛋初期，201～300日龄为产蛋前期，301～400日龄为产蛋中期，401～500日龄为产蛋后期。

（2）产蛋期的环境控制

①温度：产蛋鸭最适宜的外界环境温度是13～23℃，此温度下鸭群的饲料利用率、产蛋率均处于最佳状态。一般当环境温度超过30℃时，鸭群采食量减少，产蛋量下降，并可影响到蛋壳的质量，严重时会引起中暑死亡；如环境温度过低，尤其降到0℃以下时，鸭的正常活动受阻，产蛋量亦明显下降。

②光照：蛋鸭产蛋期应逐步增加光照时间，提高光照强度，以促使性器官的生长发育，进入产蛋高峰期后，要稳定光照时间和光照强度，使之持续高产。开放式鸭舍一般使用自然光照与人工光照相结合，而封闭式鸭舍则多采用人工光照。一般正常使用的白炽灯泡可按每平方米鸭舍1.3W设置，即当灯泡离地面2m时，一个25W的灯泡，可保证18m^2鸭舍的照明。具体可参照表4-2执行。

表4-2　蛋鸭产蛋期的光照时间和光照强度

周龄	光照时间	光照强度
17～22	每天以15～20min均匀递增，直至16h	5lx，晚间朦胧光照
23周以上	稳定在16h，临淘汰前4周时增加到17h	5lx，晚间朦胧光照

③饲养密度：圈养和半圈养时，一般鸭舍可饲养产蛋鸭7～8只/m^2。

5. 蛋用种鸭产蛋期的饲养管理

（1）蛋用种鸭的饲养管理要点

①增加营养：种用蛋鸭饲料中的蛋白质含量要比商品蛋鸭高，同时要保证甲硫氨酸、赖氨酸和色氨酸等必需氨基酸的供给，保证饲料中氨基酸的平衡。色氨酸对提高受精率、孵化率有良好的帮助，日粮中的含量应为0.25%～0.30%。鱼粉和饼粕类饲料中的氨基酸含量高，而且平衡，是种用蛋鸭较好的饲料原料。此外，要补充维生素，特别是维生素E，因为维生素E对提高产蛋率、受精率有较大的作用，日粮中维生素E的含量为25mg/kg，不得低于20mg，也可用复合维生素来补充 。

②养好种公鸭：饲养上，在青年鸭阶段，最好与母鸭分开单独饲养。此时，可让其多活动，多锻炼，以增强公鸭的体质。公鸭到150天左右才能达到性成熟。因此，选留公鸭要比母鸭早1～2个月龄进行培养，当到母鸭开产时公鸭正好达到性成熟，此时应让其多下水，少关养，以激发其性欲。在采食过程中公鸭争食凶，十分好斗，导致公、母鸭采食不均匀，体重标准不整齐。所以公母鸭在育成阶段要公母分群饲养。

③做好种鸭群的疫病净化：可经种蛋垂直传播的疫病，按规范防疫后，应定期进行抗体测定，以保证鸭群的健康。同时，应注意重大疫病的定期检疫，对阳性个体进行及时淘汰。

④加强蛋用种鸭的日常管理：种用蛋鸭的管理重点是房舍内的垫草应经常翻晒、更

换，提供并保持干燥、清洁，运动场要保持下水通畅，不得有污水积存；保持鸭舍环境的安静，严防惊群；保持鸭舍内良好的通风换气，特别当外界温度高时，更要加强通风换气；进入产蛋高峰期后，如果出现脱肛、阴茎外垂等，应采取措施进行治疗。

（2）配种　种鸭群的公母配种比例。公母鸭的合理配种比例可在1∶20；夏秋气温较高时，公母的配种比例可提高到1∶（25～30）。这样的公母配种比例可保证鸭群的平均受精率在90%以上。种鸭的利用年限。鸭的产蛋年限一般可达4～5年。母鸭开产后的第一个年度内（相当于18月龄）产蛋量最高，2年以上的鸭子产蛋量逐渐下降，3年以上的老鸭产蛋量则更为稀少。

（3）人工强制换羽　鸭在每年春末或秋末会自然换羽，如果营养不良，管理不善或气候剧变，也能促使其提前换羽。鸭自然换羽时，时间可持续3～4个月，对产蛋量有很大的影响，不但产蛋不整齐，且在管理上增加不便。为了缩短休产时间，提高种蛋量和蛋的品质，当母鸭群产蛋率降低到 20%～30%、蛋重减轻、部分鸭的主翼羽开始脱落时，即可进行人工强制换羽。人工强制换羽是利用人为地突然改变母鸭的采食情况和环境条件，使鸭毛根老化，在易于脱落时，强行将翅膀的主翼羽、副翼羽拔掉，至于尾羽可拔也可不拔。人工强制换羽分为关舍、拔羽和恢复三个阶段。

①关舍：在换羽前，将体弱的种鸭淘汰，挑选健康的种鸭进行换羽；把产蛋率下降到30%左右的母鸭群关入鸭舍内，前3～4天内只供给水，不放牧，不喂料，或者在前7天逐步减少饲料喂量，即第1天饲料开始降低，喂料两次，给料量为80%，逐渐降至第7天给料量的30%，至第8天停料只供给饮水，关养在舍内。这两种方法都可使用，但后一种方法较安全。

②拔羽：拔羽最好在晴天早上进行。具体操作是用左手抓住鸭的双翼，右手由内向外侧沿着该羽毛的尖端方向，用猛力瞬间拔出来。先拔主翼羽，后拔副翼羽，最后拔主尾羽。公、母鸭要同时拔羽，在恢复产蛋前，公母鸭要分开饲养。拔羽的当天不放水、放牧，防止毛孔受到感染，但可以让其在运动场上活动，并供给充分饮水，给料30%。

③恢复：鸭群经过关舍、拔羽，鸭的体质变弱，体重减轻，消化机能降低，必须加强饲养管理，但在恢复饲料供给时不能过急过躁，喂料量应由少至多，饲料质量由粗到精，经过7～8天才可逐步恢复到正常饲养水平，即由给料30%逐步恢复到全量喂给，以免因暴食导致消化不良。拔羽后第2天开始放牧、放水，加强活动。拔羽后25～30天新羽毛可以长齐，再经2周后便可恢复产蛋，所以在拔羽后20天左右开始加喂动物性饲料。

（二）肉鸭的饲养管理

1. 肉用种鸭饲养管理

（1）雏鸭的饲养管理　肉用种鸭的育雏期为0～4周龄。肉用种鸭育雏期饲养管理与蛋用型雏鸭的饲养管理要求相近，主要区别为：一是育雏温度比蛋用雏鸭要求高1～2℃；二是饲料营养水平要求也较蛋鸭高。

（2）肉用种鸭育成期的饲养管理　肉用种鸭的育成期为5～24周龄。此期的体重和光照时间是保证产蛋期的产蛋量和孵化率的关键所在。在育成期要限制饲养，使其体重和性成熟协调发展，使其适时开产。

①转群：由于后备公、母鸭的采食速度、喂料量及目标体重均有所差别，因而公、母鸭要分群饲养，以免影响体重均匀度。但在公鸭群中应配备少量的母鸭，即“盖印母鸭”，以促使后备公鸭的生殖系统发育。

②光照：鸭群在5～20周龄这个阶段，光照时间宜短不宜长，光照强度宜弱不宜强，以控制其早性成熟，通常每天固定9～10h的光照时间，到21周龄时则增加光照，到26周龄时的光照时间达到17h。

③密度：地面平养时，每只鸭子至少应有0.45m^2的活动空间，鸭群进行分栏饲养，每栏以200～250只为宜，鸭群太大，会使群体体重差异变大，不易于饲养管理。

④通风换气：由于鸭的粪便中含有大量的水分，很容易使舍内环境潮湿，产生大量的氨气、硫化氢等有害气体，使舍内空气污浊，所以每天应加大通风量，及时更换垫料，保持舍内垫料松软干燥、空气清新。

⑤定期称重：从第4周龄开始，每周随机抽样称重。根据体重大小及时调整鸭群。从开始限饲就应整群，将体重轻、弱的鸭单独饲养，不限饲或少限饲，直到恢复标准体重后再混群。

（3）肉种鸭产蛋期的饲养管理　肉用种鸭的产蛋期为25周龄直至淘汰。

①饲养要点：与育成期相同，可以不转群。

②管理要点：准备产蛋箱，冬季舍内温度不应低于0℃，夏季则不应高于25℃，每天驱赶鸭群舍外运动40～50min，每天8：00收集种蛋。

2. 肉用仔鸭的育肥

肉用仔鸭具有早期生长迅速，体重大，出肉率高，肉质好，体重均匀度好，饲料报酬高，生产周期短等特点，可全年批量生产，采用全进全出制，建立产、销、加工联合体的模式。

（1）育雏方式

①地面平养育雏：把雏鸭养在铺有锯木屑、稻壳等垫料的地面上，垫料厚2～3cm，并要经常进行更换填补。更换垫料育雏的供温方式有2种，第一种是保温伞育雏，一个保温伞可养2周龄内的雏鸭200只左右。第二种是红外灯保温育雏，利用红外灯散发的热量育雏。灯泡规格为250W，使用时悬挂于离地面45cm高处，室温低时可降低至35cm，随着雏鸭日龄的增加，灯泡逐周提升至60cm。

②网上育雏：网材采用铁丝编织网时，网眼孔径为0～3周龄为10mm×10mm，4周龄以上为15mm×15mm。网下每隔30cm设一条较粗的金属架，以防网凹陷，网状结构最好是组装的，以便拆卸方便；网下可采用机械清粪设备，也可采用人工清粪。

③立体育雏：立体育雏笼一般为3～5层。笼子可用金属或竹木制成，长2m，宽0.8～1m，高20～25cm；底板采用竹条或铁丝网，网眼1.5cm^{2}两层叠层式，上层底板离地面120cm，下层底板离地面60cm，上、下两层间设一层粪板。

（2）育肥期的饲养管理

①饲养：适当限制鸭的活动并饲喂含能量较多的饲料，如稻谷、碎米、玉米等，有条件时应添加鱼粉、矿物质饲料，饲料中也要加一些砂砾或放在运动场的角落里，任鸭自由采食，以助于消化。饲料要多样化，白天3次，晚上1次。喂料量的原则与育雏期的基本相同，以刚好吃完为宜。每只鸭的槽位应在10cm以上。每只鸭水槽的位置在1.25cm以上。

②管理：鸭群采食后让鸭在运动场的饮水池中饮水，防止鸭舍湿度过大，保持地面干燥，也可白天放在舍外，晚上赶回鸭舍，舍内安装白炽灯以便于采食、饮水，但光照强度不宜过大，能看见采食即可，夏季要适当地限制饮水，防止地面潮湿。舍内的垫料要经常翻晒或增加垫料，垫料不够厚易造成仔鸭患胸囊肿、腿部疾病等，从而降低屠体品质。夏季气温高可让鸭群在舍外过夜。

二、问题探究

1. 为什么要防止雏鸭打堆？
2. 育成鸭饲养采用定时放牧法有什么优点？

三、资源链接

肉鸭不打针预防
鸭病新方案设计

任务实施

> **规避风险提示**
> 养鸭的工具和药品等物品合理放置，避免误伤或误食。

一、按规程进行蛋鸭饲养管理操作

1. 育雏前的准备

配图	操作内容	操作方法
	育雏季节的选择	根据市场预测和育雏实际条件来确定育雏季节及具体时间
	育雏方式的确定	生产中多采用网上育雏的方式
	供温方式的确定	依据成本核算及养殖成绩综合分析，多数企业采用电热保温伞供温，有条件的企业采用热风炉供温更佳
	育雏室与育雏人员的准备	育雏室：按饲养密度计算好鸭舍面积，按育雏方式不同准备好相应的采食及饮水设施。 饲养员：有经验，有责任心

配图	操作内容	操作方法
	育雏饲料的准备	备好育雏期全程饲料
	雏鸭的选择	选择健康的雏鸭

2. 雏鸭饲养管理操作

配图	操作内容	操作方法
	雏鸭的饮水与开食	初饮：进入育雏舍1～2h后进行。 开食：初饮后即可开食
	育雏期的日常管理	合理饲喂；放水放牧；及时分群；定期称重；搞好卫生
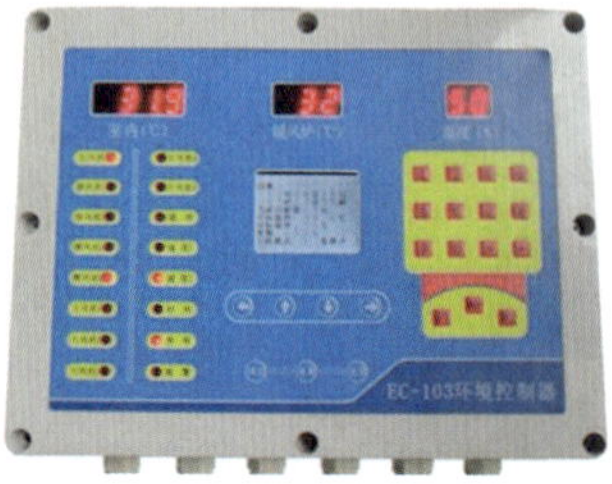	育雏期的环境控制	温度：21日龄以后保持15℃，如遇气温下降，要适当增加温度。 湿度：60%～70%的相对湿度。 加强通风换气，并根据季节、雏鸭日龄和环境条件等灵活掌握密度和光照时间

配图	操作内容	操作方法
	育雏期的疾病控制	把好消毒关、免疫关和投药预防关

3. 育成鸭饲养管理操作

配图	操作内容	操作方法
	育成鸭的饲养方式	根据舍内外温差、饲养条件确定适宜的饲养方式，如果舍内外温差较大，可采用舍内饲养，如果舍内外温差小且舍外有运动场和池塘可采用半舍饲方式；如果舍外温度适宜，附近牧草丰盛，可以采用放牧饲养
	育成鸭的饲养管理要点	通风换气，保持鸭舍干燥；合理的光照；加强运动；及时分群；稳定作息时间；做好记录
	育成鸭的疾病控制要点	保持圈舍、垫料干燥，对喂料和饮水器具应每天清洗消毒，鸭舍门口处放置生石灰消毒池。根据当地疫病的流行特点，做好预防工作，主要预防鸭瘟和禽霍乱

4. 产蛋鸭及蛋种鸭饲养管理操作

配图	操作内容	操作方法
	产蛋初期和前期	调整粗蛋白营养水平。白天喂3次料，晚上9~10时给料1次，采用自由采食，定期测量体重。每月空腹抽测母鸭的体重，若超重则需调整饲料喂量

配图	操作内容	操作方法
	产蛋中期	适当提高钙的含量，并适量喂给青绿饲料或添加多种维生素。光照时间稳定在16～17h
	产蛋后期	如果鸭群体重超标，应降低能量水平；若体重有所下降，应增加一些动物性蛋白质的含量；若产蛋率下降到60%，应给予淘汰

二、按规程进行肉鸭饲养管理操作

1. 肉用种鸭饲养管理操作

（1）雏鸭的饲养管理　做到“适温休息、低温喂食、逐步降温”管理，以提高雏鸭的成活率并要求饲料营养水平较蛋鸭高。

（2）肉用种鸭育成期的饲养管理　采取限制性饲养，从第4周龄开始，每周随机抽样称重，控制好体重和体型，提高鸭群整齐度。采用半舍饲的管理方式，公、母鸭分群饲养，每栏以200～250只为宜。光照时间宜短不宜长，光照强度宜弱不宜强，以控制其早性成熟。每天加强通风换气，控制好温度、湿度，保证舍内空气清新。

（3）肉用种鸭产蛋期的饲养管理　喂料量按不同品种的饲养手册或建议喂料量进行饲喂，最好用全价配合饲料或湿拌料，每天喂4次，喂饲间隔时间相等，同时，保证清洁的饮水。

育成鸭转入产蛋舍前，在产蛋舍内放置足够的产蛋箱，如果不换鸭舍则在育成鸭22周龄时放入产蛋箱。每个产蛋箱可供4～5只母鸭产蛋；将公母鸭以1:（4～6）的比例混群或采取人工授精方式配种；每天给予17h的光照时间；保持适宜的饲养密度［（2～3）只/m^2］；每天驱赶鸭群运动40～50min，分6～8次完成。

2. 肉仔鸭育肥过程操作

配图	操作内容	操作方法
	育雏方式	地面平养育雏；网上育雏；立体育雏
	控制温度	温度标准：1日龄34～31℃；2～7日龄30～28℃；2周龄27～24℃；3周龄24～21℃。 方法：电热保温伞加温，每个保温伞可养雏鸭200~300只
	雏鸭饲养管理要点	开水、开食。 饲喂方法：第1周龄自由采食；2周龄昼夜喂6次；3周龄昼夜喂4次。 分群：每群300～500只。 预防疾病
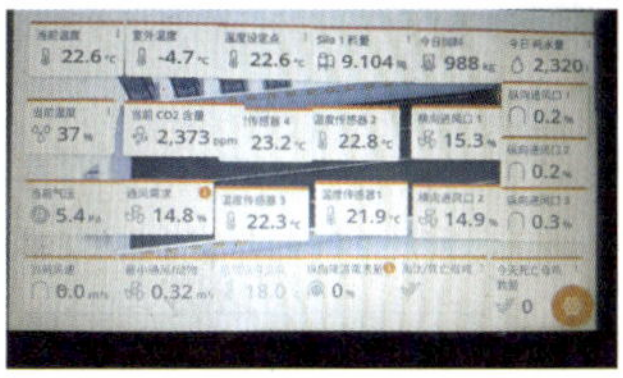	生长育肥鸭饲养管理要点	温度：15～18℃。 湿度：50%～55%。 光照强度：能看见采食情况为准。 密度：7～8周龄为4～5只/m^2。 饲喂次数：白天3次，夜晚1次

三、鸭填饲技术操作

配图	填饲操作	管理操作
	饲喂技术	雏鸭应自由采食，随着日龄增长逐渐增加生长育肥期饲料。饲喂含能量较多的饲料，饲料多样化，白天3次，晚上1次

配图	填饲操作	管理操作
	分群饲养	每群300～500只
	温度、湿度和光照	温度：15～18℃。 湿度：50%～55%。 光照强度：以能看见采食情况为准，白天利用自然光，早晚加料时开灯

学业评价

“按规程进行鸭的饲养管理操作”学业考核评价表

专业班级：__________ 姓名：________ 考核时间：__________

评价方式	考核内容		评分标准	配分	得分	备注
自我评价（15%）	必备知识	蛋鸭的饲养管理	了解蛋鸭育雏前的准备内容，计2分；熟悉雏鸭的饲养管理要点，计2分；熟悉育成鸭的饲养管理要点，计2分；掌握产蛋鸭的饲养管理要点，计2分	8		通过平台在线进行自我评价
		肉鸭的饲养管理	掌握肉用种鸭的饲养管理要点，计3分；熟悉肉用仔鸭的育肥方法，计2分；了解填饲育肥时间与填饲量，计2分	7		
教师学业评价（50%）	任务实施	按规程进行蛋鸭饲养管理操作	能做好育雏前的准备工作，计5分；会进行雏鸭饲养管理操作，计5分；会进行育成鸭饲养管理操作，计5分；会进行产蛋鸭及蛋种鸭饲养管理操作，计5分	20		按任务达成程度进行评价
		按规程进行肉鸭饲养管理操作	能进行产蛋箱的准备，计5分；能控制好环境条件，计5分；能设计肉鸭合理的运动方案，计5分；能进行种蛋的收集工作，计5分	20		
		鸭填饲技术操作	能挑选填饲鸭只，计5分；能制订科学的填饲方案，计5分	10		

续表

评价方式	考核内容		评分标准	配分	得分	备注
学生互评（35%）	学习过程考核	课前	参加学习资源准备，计5分；完成预习任务，计5分；参与课前讨论，计5分	15		组内互评
		课中	严格遵守课堂纪律，计2分；有秩序地实施任务，并按时完成，计3分；积极参加问题探究，计2分；善于发现并解决任务实施过程中的问题，计3分；与小组成员通力合作，有效沟通，计2分；在线抢答问题且答案正确，计3分	15		组间互评
		课后	能按要求清洁整理所用设备，计3分；及时进行学习场所的卫生清扫，计2分	5		组内互评
总计				100		—

注：90分及以上为优秀等级；75～89分为良好等级；60～74分为合格等级；60分以下为不合格。

课后拓展

- 分组研讨肉用种鸭饲养效果的检查与评价，并通过学银（或知到）在线传至网络平台作业栏中，供大家分享。

肉用种鸭饲养效果的检查与评价

自测练习

1. 成年公鸭尾部一般有（　　）。

A. 镰羽　B. 梳羽　C. 蓑羽　D. 性羽

2. 采用半舍饲的管理肉用仔鸭时，公、母鸭分群饲养，每栏饲养（　　）只为宜。

A. 100～150　B. 150～200　C. 200～250　D. 250～300

3. 蛋鸭的产蛋中期是指（　　）日龄。

A. 100～200　B. 201～300　C. 301～400　D. 401～500

4. 雏鸭是指（　　）周龄内的鸭只。

A. 3　B. 4　C. 5　D. 6

任务三　按规程进行鹅的饲养管理操作

学习目标

知识目标

1. 能说出雏鹅的生理特点和育雏方式，熟悉雏鹅生长发育所需要的环境条件。
2. 掌握雏鹅开食与潮口的要点。
3. 了解育成鹅的选择方法，叙述育成鹅饲养技术要点。
4. 掌握种鹅群的年龄结构，说出种鹅放牧饲养的关键技术。
5. 能写出饲养仔鹅的主要生产环节。

技能目标

1. 学会雏鹅开食的操作方法。
2. 能根据雏鹅的表现调整好舍内环境条件，拟定提高雏鹅成活率的措施。
3. 会操作活拔绒羽技术，能拟定鹅肥肝生产的饲养程序。

素养目标

黑龙江省草原草地面积辽阔，农作物及其农副产品十分丰富，养鹅条件优越，通过学习鹅的饲养管理操作技术，提升乡村振兴的责任意识，立志投身于乡村振兴服务行列，厚植“大国三农”的情怀，为水禽养殖业奉献青春和智慧。

任务描述

黑龙江省依安县被称为“中国白鹅之乡”，7月份，暑期生产实践小组来到一家综合养鹅企业跟岗实习，我们将按图4-5和图4-6的内容完成学习任务。

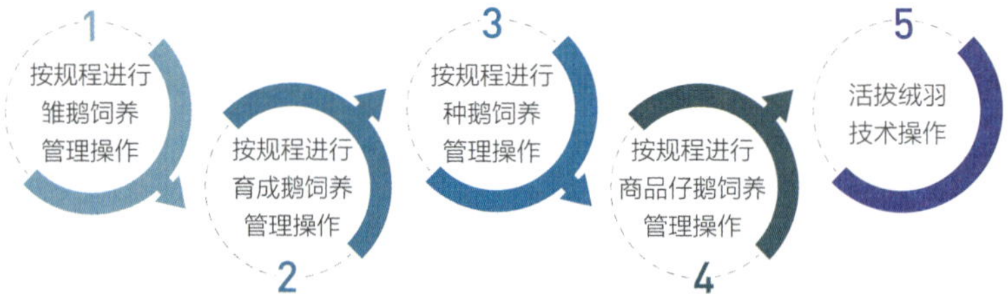

图4-5 “按规程进行鹅的饲养管理操作”实施环节

图4-6 “按规程进行鹅的饲养管理操作”知识思维导图

课前准备

一、学习资源准备

通过网络查询鹅的繁殖特点。

二、完成预习任务

1. 阅读学习相关资源，了解鹅肥肝市场行情。
2. 查阅鹅产品及其经济用途。

鹅的繁殖特点

三、完成课前讨论

1. 完成《学情分析表》(附录一)。
2. 在线提出预习中存在的问题，并进行相关讨论。

知识链接

一、必备知识

（一）雏鹅的饲养管理

1. 雏鹅的生理特点

雏鹅是指4周龄以内的苗鹅。雏鹅的生理特点有以下几个方面。

（1）体温调节能力不完善　刚出壳的雏鹅，绒毛稀薄，体温调节能力差，特别怕冷、湿、热和外界环境突然变化，对外界温度变化的适应性很弱。

（2）新陈代谢旺盛，生长发育快　一般中、小型鹅种出壳重100g左右，大型鹅种130g左右。雏鹅生长速度快，到20日龄时，小型鹅种的体重比出壳时增长6～7倍，中型鹅种增长9～10倍，大型鹅种可增长11～12倍。

（3）消化能力弱　雏鹅消化道短，容积小，吃下去的食物在消化道停留的平均时间短，约为1.3h。同时，肌胃收缩力弱，对食物的研磨能力差，消化腺分泌的消化液量少，消化酶活性低，消化能力弱。

（4）抗病力差　雏鹅的免疫系统机能低下，对病原微生物抵抗力弱，抗病力差，容易感染各种疾病，加上密集饲养，一旦发生疾病就会造成严重损失，因此要做好疾病的预防工作。

（5）适应性差、缺乏自卫能力　当饲料中某种营养素缺乏时，雏鹅容易表现出病态反应；当环境条件突然变化时或遇到运输、抓捕或免疫接种等刺激时易产生应激。同时，雏鹅个体小，尤其是2周龄以内的雏鹅对鼠类及其他肉食性野生及家养动物的侵害无法自我防御。因此也要做好预防兽害的工作。

2. 育雏方式

雏鹅的育雏方法主要取决于鹅舍保温能力、热源种类和气候条件。目前我国广大农村养鹅户普遍采用自温育雏和供温育雏两种方法。

（1）自温育雏　此法在养鹅数量较少时用得比较普遍。一般采用鹅篮、箩筐、纸板箱、稻草囤等容器，其上加盖保温物品，通过增减盖物、垫料厚薄等措施来调节温度。在育雏期间如发现雏鹅有打堆现象时，应及时用手扒散，以防雏鹅窒息而死。自温育雏要求室温在15℃以上。此法简便，但极其劳累，仅适合于小群育雏或气候暖和的季节。

（2）供温育雏　又叫给温育雏，这是普遍采用的育雏方法，一般采用地面饲养或网上饲养。其育雏形式随热源的种类不同而异，主要有以下几种育雏形式。

①保温伞育雏：在干燥的地面上，铺垫5～10cm厚度洁净而柔软的垫料，使用直径为1.5m的伞形育雏器供温。通常伞内安装电热丝、电热板或红外线灯泡作为热源，伞边缘距地面高度约30cm，每个保温伞可育雏鹅100只左右。此法简便，调温容易，节省人力，但

耗电多，成本较高。

②烟道育雏：在舍内南北窗附近平行设置两条烟道，烟道高与宽均为50cm，其长度与舍长相对应，用煤作为供热燃料，通过烟道表面散热提供温度，通过用燃料多少来调整舍内温度。其优点是温度稳定，保温时间长，烟道建造方便，成本低廉，适合各种房舍结构，燃料可代替使用。

③网上育雏：将雏鹅饲养在离地50~60cm高的铁丝网或竹板网上，网眼大小为1.25cm×1.25cm。热源由暖器和热风炉提供。采用此法育雏，可节省大量垫料，减少雏鹅与粪便接触的机会，因而可减少疾病的发生率，投入成本不高，目前生产中应用最为广泛。

④地面和网上平养结合：1~7日龄的鹅采用网上平养，8日龄后转入地面平养。这种方式既能满足幼鹅对温度的要求，提高成活率，又可避免因长时间网上饲养引起雏鹅啄羽等不良现象。

3. 育雏条件

合理的育雏条件是保证雏鹅健康成长的前提。育雏条件主要包括温度、湿度、通风换气、光照和饲养密度等。

（1）温度　适宜的育雏温度是1~5日龄时为28~27℃，6~10日龄时为26~25℃，11~15日龄时为24~22℃，16~20日龄时为22~20℃，21日龄以后为18℃。

（2）湿度　育雏期间湿度的卫生标准是：0~10日龄时，相对湿度为60%~65%，11~21日龄时为65%~70%。控制鹅舍内湿度过大的主要方法是加强通风换气，其辅助措施是常更换垫料、减少舍内作业用水、及时清粪、合理使用饮水器等。

（3）通风换气　雏鹅的生长速度快，体温较高，呼吸快，新陈代谢旺盛，需要大量的氧气，舍内空气的卫生标准要求是氨气的浓度保持在0.01mL/m^3以下，二氧化碳保持在0.2%以下为宜。

（4）光照　生产中通过人工光照与自然光照相结合来满足雏鹅对光照时间的需求，在控制光照时间时还要考虑光照强度。通常光照时间和光照强度要求如下：0~7日龄，24h/天；8~14日龄，18h/天；15~21日龄，16h/天；21日龄后，自然光照即可。在控制光照时间时，当窗户有效面积适宜时，白天采用自然光照，晚上进行人工补充光照。雏鹅的光照强度要求为20lx，即100m^2的鹅舍安装12只11W节能灯即可（要求灯泡高度2m）。

（5）饲养密度　密度是指每平方米地面或网底面积上养的雏鹅数量。具体雏鹅饲养密度见表4-3。

表4-3　适宜的雏鹅饲养密度一览表　　单位：只/m^2

类型	1周龄	2周龄	3周龄	4~6周龄	7周龄至上市
小型鹅	12~15	9~11	6~8	5~6	4.5
中型鹅	8~10	6~7	5~6	4	3
大型鹅	6~8	6	4	3	2.5

4. 育雏工作准备

（1）预测养鹅市场，拟定育雏计划　了解人们饮食习惯，调研市场需求，当确定市场行情较好的情况下，制订育雏计划。育雏计划的制订主要包括育雏时间的确立和育雏数量的确定等。育雏时间要根据当地的气候状况、饲料条件和市场的需要等因素综合确定。育雏数量的多少，应根据鹅场的实际情况而定，主要考虑鹅舍的多少，资金条件和生产技术与管理水平等。

（2）育雏舍的准备　根据育雏数量、饲养密度等要求确定育雏舍面积，进雏前要对育雏舍彻底清扫和消毒，育雏舍出入处应设有脚踏消毒池，消毒池长为100cm，宽为60cm，深为2cm，进入育雏舍的人员必须进行消毒。

（3）育雏设备的准备　育雏舍内应设有控制人工小气候环境的设备。

（4）育雏用品的准备　育雏前要准备好食槽、水槽等用具，还要准备好开食饲料、药品及打扫、防疫用具、消毒药物、抗菌药物和疫苗。此外还要准备温度计、手电、记录表格和秤等。

（5）预温　为了保证雏鹅进入育雏舍后有适宜的温度环境，在接雏前1～2天启用加热设备，使舍温达到28～30℃。预热期间注意检查供热设备是否存在问题。

（6）雏鹅的选择与运输　购雏之前必须进行实地考察，一定要到饲养生产性能高、健康无疫病的种鹅场或正规的孵化场去购雏。强壮的雏鹅生活力和抗病力强，成活率高，生长发育快。因此，养好雏鹅，首先要挑选健雏。挑选健雏应做到一看、二摸、三试。一看，即看雏鹅外形和精神状态，选择个头大、绒毛粗长有光泽、眼睛有神、叫声响亮、活泼好动、脐部无血斑水肿、无脐带炎、无畸形的健雏；相反，则为弱雏。二摸，即用手抓鹅，感觉挣扎有力、有弹性、脊骨壮、腹部柔软和大小适中的是健雏；挣扎无力、体软弱、脊骨细，肚子显得过大的是弱雏。三试，即手臂用力将雏筐中的雏鹅放倒，使雏鹅仰翻放，如能很快翻身站立的是健雏；软软地、迟迟不能翻身站立的是弱雏。

5. 雏鹅的饲养管理

0～4周龄为育雏期，雏鹅饲养的好坏直接关系到雏鹅的生长发育和成活率，继而影响到中鹅的生长发育。因此，在养鹅的生产中要高度重视雏鹅的饲养管理工作。

（1）做好饮水（潮口）工作　因为鹅是水禽，加之雏鹅在孵化室高温环境下存放时间较久，体内水分丧失较多，如果长时间不供水，易造成雏鹅虚脱，影响其健康和食欲，必须尽早饮水。饮水时间掌握在雏鹅出壳后16～18h，雏鹅有张嘴伸颈、啄食垫草或互相啄咬表现时，即可给予饮水。前3天饮用水中可添加预防性药物，同时，添加5%的多维葡萄糖溶液（每天上、下午各饮 1次，每次饮用20～30min）。

（2）做好喂饲工作　雏鹅饮水后不久便可开食。开食宜用全价颗粒饲料，并加入适量切细的鲜嫩青绿饲料，撒在饲料盘中或雏鹅的身上，引诱雏鹅啄食。

开食后即转入正常的饲养。2～3天后便逐渐改喂雏鹅的全价配合饲料加青绿饲料。每次饲喂时要求少给勤添，不要吃得过饱，做到少吃多餐。一般白天喂6～8次，夜间加喂2～3次。精料量20～40g/（天·只），青料喂量5g/（天·只）。雏鹅阶段的饲料要求相对稳定，看鹅吃食的状态而决定是否加料。雏鹅对霉菌特别敏感，杜绝喂给雏鹅发霉变质的饲料。

仔鹅1～4周龄饲料参考配方1：玉米64.5%、豆粕29.4%、鱼粉1.7%、赖氨酸0.07%、甲硫氨酸0.20%、石粉1.7%、磷酸氢钙1.2%、盐 0.25%、预混料1.0%。饲料参考配方2：玉米54.0%、豆粕24.0%、饲料酵母3.0%、稻糠10.0%、麦麸5.2%、甲硫氨酸0.12%、石粉1.0%、磷酸氢钙2.0%、盐0.35%、胆碱0.1%、多种维生素0.03%、矿物质微量元素添加剂0.2%。

（3）清洁卫生　要求每天清洗饮水器和料槽1次，清除粪便1次，勤换垫草，切忌垫草发霉；弱、病雏要做好隔离工作；定期进行全面消毒，每天带鹅消毒1次。同时，要注意观察雏鹅采食、饮水、精神状态和粪便情况，并做好预防投药工作。

（4）适时分群　从育雏第6天开始就要按强弱、大小等具体情况分群饲养，对体小的弱雏要单独放在一处，进行特殊看护，随着日龄的增长每小群的只数变动为：1周龄的15只，2周龄的20只，3周龄的25只，4周龄的30只。

（5）放牧和放水　雏鹅初次放牧时间，可根据气候和健康状况而定，一般约在出壳后15天左右。第1次放牧必须选择晴好天气，在喂后驱赶到附近平坦的草地上活动、采食青草，前几次时间不宜过长、距离不宜过远，以后逐渐延长放牧时间与距离。开始放牧后就可放水。初次放水可将雏鹅赶至水浴池或浅水边任其自由下水，切不可强迫赶入水中，否则易受凉感冒。

（二）育成鹅的饲养管理

雏鹅养至4周龄时，即进入育成期。从4周龄开始至产蛋前为止的时期，称为种鹅的育成期，这段时期的鹅称为育成鹅。

1. 育成鹅的生理特点

（1）消化机能强，耐粗饲　育成鹅消化道容积大，采食量大，一次可采食大量的青粗饲料，比其他家禽消化粗纤维的能力高40%～50%。由于其消化机能旺盛，对青粗饲料的消化能力强，因此，在种鹅的育成期应利用放牧能力强的特性，采取以放牧为主、补饲为辅的饲养方式，培育出适应性强、耐粗饲、增重快的后备鹅群。

（2）生长速度快　育成鹅的骨骼、肌肉和羽毛生长速度最快，尤其育成期的前期，是鹅骨骼发育的主要阶段。2周龄时骨骼占体重的35%左右，6周龄时达到60%左右，8周龄后生长速度开始下降。因此，8周龄前应供应充足的钙、磷等矿物质饲料，饲喂营养全价平衡的日粮，促进骨骼、肌肉等组织和器官的快速发育。此阶段不要补饲蛋白质过高的日粮，由此，会导致鹅的体重过大过肥，并促其性早熟。

（3）合群性强、喜水易调教　育成鹅合群性强，喜欢群体在水中嬉戏。鹅条件反射能力强，易调教，有利于饲喂、放牧、放水等管理规律的形成，给规模化饲养提供了有利条件。

2. 育成鹅的饲养管理

（1）育成鹅的选择　种用鹅一般应经过以下3次选择，把体型大、生长发育良好、符合品种特征的鹅留作种用，以培育出产蛋量高或交配受精能力强的种鹅。

第一次选择在育雏期结束时进行。重点是选择体重大的公鹅，母鹅则要求具有中等的体重，淘汰那些体重较小的、有伤残的、有杂色羽毛的个体。经选择后，公母鹅的配种比例是大型鹅种为1∶2，中型鹅种为1∶（3～4），小型鹅种为1∶（4～5）。

第二次选择在70～80日龄进行。可根据生长发育情况、羽毛生长情况以及体型外貌等特征进行选择。淘汰生长速度较慢、体型较小、腿部有伤残的个体。

第三次选择在150～180日龄进行。此时鹅全身羽毛已长齐，应选择具有品种特征、生长发育好、体重符合品种要求、体型结构和健康状况良好的鹅留作种用。公鹅要求体型大、体质健壮，躯体各部分发育匀称，肥瘦和头的大小适中，雄性特征明显，两眼灵活有神，胸部宽而深，腿粗壮有力；母鹅要求体重中等，颈细长而清秀，体躯长而圆，臀部宽广而丰满，两腿结实，耻骨间距宽。选留后的公母鹅配种比例为大型鹅种1∶（3～4），中型鹅种1∶（4～5），小型鹅种1∶（6～7）。

第四次选择在种鹅开产前约1个月进行，具体时间因品种而异。这是最重要的一次选择，重点是选择种公鹅，依据公鹅的体型外貌鉴定与生殖器官检查和精液品质检查，选出符合标准的公鹅作为种用。种母鹅要选择生长发育良好、体型外貌符合品种标准、第二性征明显、精神状态良好的留种。

（2）限制性饲养　在育成期间，饲养的重点是对种鹅进行限制饲养，其目的在于控制体重，防止体重过大过肥，使其具有适合产蛋的体况；适时进入性成熟时期；训练其耐粗饲的能力，育成有较强体质和良好生产性能的种鹅；延长种鹅的有效利用期，节省饲料，降低成本，提高饲养种鹅的经济效益。

限制饲养主要有两种方法。一种是限量法，即减少补饲日粮的喂量，实行定量饲喂；另一种是限质法，即控制饲料的质量，降低日粮的营养水平。鹅限制饲养期以放牧或喂饲青粗饲料为主，故大多数采用后者，但一定要根据放牧或青饲料条件、季节以及鹅的体质，灵活掌握饲料配比和喂料量，做到既能维持鹅的正常体质，又能降低种鹅的饲养费用。若牧地草质良好，可不喂或少喂精料；在放牧条件较差的情况下，每日喂料2次，时间为中午和晚上9时左右。

（3）恢复性饲养　种鹅应在开产前60天左右进入恢复饲养阶段，此时种鹅的体质较弱，应逐步提高补饲日粮的营养水平，并增加喂料量和饲喂次数。日粮蛋白质水平控制在

15%～17%为宜，也可以用产蛋日粮催产。经20天左右的饲养，种鹅的体重可恢复到限制饲养前的水平，种鹅开始陆续换羽。为了使种鹅换羽整齐和缩短换羽的时间，节约饲料，可在种鹅体重恢复后进行人工强制换羽，拔羽后应加强饲养管理，适当增加喂料量。公鹅的拔羽期可比母鹅早2周左右进行，使后备种鹅能整齐一致地进入产蛋期。

（4）种鹅适时开产　在自然生长条件下，鹅群开产时还没有达到体成熟，如果任其开产，母鹅产蛋小，且蛋重增长缓慢，产小蛋的时间延长。同时，由于公鹅的配种能力和精液品质均未达到最佳状态，易引起种蛋的受精率下降，严重影响饲养种鹅的经济效益。因此要控制种鹅适时开产。

控制种鹅适时开产，要采取综合措施。既要在后期控制种鹅的体重，又不能影响其前期的骨骼和生殖器官的有效发育；既要控制种鹅适时开产，又要在产蛋前诱导其生殖功能迅速达到产蛋的要求。开产期控制方法有三种。一是对种鹅日粮营养水平进行调控。种鹅培育过程分为育雏、生长、维持、恢复4个阶段。每个时期的日粮营养水平应满足：育雏期种鹅能充分发育，生长期不过度发育，维持期保持体重不上升甚至稍有下降，恢复期能稳定地恢复体重，适时进入产蛋期。二是对其采食量进行控制。良好的青料和精料都会促进母鹅提前开产。一般控料期每日每只种鹅的青饲料保证在500g以上，精料补饲量在100g左右。三是在育成期活拔绒羽。种鹅在80日龄左右和140日龄左右进行活拔绒羽，可以使种鹅的开产适当延迟，而且开产整齐性也好。

（5）放牧、放水　鹅群每天放牧约9h，放牧规律为5：00出牧，10：00回舍休息；15：00出牧，到19：00回舍休息。放牧地尽量选择距离鹅舍较近处，不宜过远。同时，确定最佳放牧路线，一般在下午就应找好次日的放牧场地，不走回头路，使鹅群吃饱喝足。每天放牧过程中，让鹅力争吃到4～5个饱（即上午2个饱，下午3个饱，鹅的食道膨大部俗称嗉袋，可膨胀到喉部下方处，即为1个“饱”的标志）。同时参照“要鹅长得壮，一天要换三个塘”，即每次放水约30min，上岸休息30～60min，再继续放牧；隔30min再放水1次，至少放水3次。放牧时应注意清点好鹅数，回牧时也要及时清点，如有丢失应及时寻找，如遇混群，可按编群标记追回。

（6）育成鹅免疫与用药流程　因品种和地域的不同，育成鹅免疫与用药流程也有一定的差别，现提供某企业的育成鹅免疫与用药流程，仅供参考。

1日龄，小鹅瘟高免血清肌注0.5mL；

2日龄，恩诺沙星饮水预防沙门氏菌和大肠杆菌；

6日龄，使用噬菌瘟清预防小鹅瘟；

7日龄，小鹅瘟高免血清肌注0.8mL；

9日龄，使用噬菌痛清预防病毒性痛风；

12日龄，口服噬菌浆杆预防浆膜炎；

15日龄，新流二联疫苗肌注0.5mL；

17日龄，使用噬菌弧肠清预防弧肠弧病毒；

22～25日龄，使用噬菌浆杆预防角膜炎和大肠杆菌；

35日龄，流感疫苗肌注0.8mL；

60日龄，副黏病毒疫苗点眼2倍剂量；

120日龄，流感疫苗肌注0.8mL；

130日龄，副黏病毒疫苗饮水2倍剂量；

168日龄，肌注大肠杆菌疫苗；

180日龄，小鹅瘟疫苗肌注1倍剂量；

210日龄，新流腺疫苗肌注1.0mL；

开产以后，每2个月饮水副黏病毒疫苗2倍剂量。

（三）种鹅的饲养管理

1. 种鹅的饲养管理要点

（1）补料原则　补料要根据放牧条件而定，按“先紧后松，先粗后精”饲喂的原则。一方面限饲而防止后备鹅过肥；另一方面也需要营养物质的合理供给，以保证定向培育生长发育的需要，为以后种用生产性能的正常发挥打好基础。

（2）搭好鹅棚，防止淋雨和中暑　可因地制宜、因陋就简搭架临时性鹅棚，做到防雨防兽害，要求场地干燥，以防后备鹅着凉。下雨前，尽早把鹅赶回鹅棚，避免雨淋。在炎热天气，鹅群常在棚内焦躁不安，可及时放水，中午应在树荫下休息纳凉，谨防中暑。

（3）保证一定的运动量　舍饲环境条件下的后备鹅，运动量受到了较大的限制，不利于其骨骼的生长发育，所以要在建舍时规划足够面积的运动场，并做到定时驱赶运动，让鹅群保持一定的运动量，使其具有良好的体质。

（4）保持饲养管理制度恒定　为使鹅群建立良好的条件反射，包括饲养人员、饲料和牧草、喂料和清洁卫生时间等都应基本固定，无特殊情况不应变更。

（5）搞好环境卫生　舍内及运动场地要保持清洁卫生，并定期进行消毒处理，垫草要勤换。

2. 产蛋期的饲养管理

（1）饲养方式　规模化的养鹅场，种鹅多采用全程舍饲的方式饲养。因此需要设置戏水池，对其水质严格管理，要经常消毒、增加新水，保持清洁。舍内和舍外运动场也要定期打扫和消毒。每日采用固定的饲养管理制度。

（2）防止产窝外蛋　母鹅有择窝产蛋的习惯，第一次产蛋的地方往往成为其固定产蛋的场所，因此，在产蛋鹅舍内应设置产蛋箱（窝），以便让母鹅在固定的地方产蛋。开产时可有意训练母鹅在产蛋箱（窝）内产蛋。可以用引蛋（在产蛋箱内人为放进的蛋）诱导母鹅在产蛋箱（窝）内产蛋。母鹅的产蛋时间大多数集中在下半夜至10：00左右，个别的鹅在下午产蛋。舍饲鹅群每日至少集蛋3次，上午2次，下午1次。放牧鹅群，10：00以前不能外出放牧，在鹅舍内补饲，产蛋结束后再外出放牧，而且上午放牧的场地应尽量靠近鹅舍，以便部分母鹅回箱（窝）产蛋。这样可减少母鹅在野外产蛋而造成种蛋丢失和破损。

放牧时如果发现有母鹅出现神态不安，有急欲找窝的表现，或向草丛或较为掩蔽的地方走去时，则应将该鹅送到鹅舍产蛋箱（窝）内产蛋，待产完蛋后就近放牧。

（3）控制就巢性　控制就巢性最根本和有效的方法是遗传育种。其次，生产中如果发现母鹅有恋巢表现时，使用醒抱药或关在光线较暗、通风、凉爽的地方，只给饮水不喂料，2～3天后喂一些干草粉、糠麸等粗饲料和少量精料，使其体重不过度下降，待醒抱后能迅速恢复产蛋。另外，还可以使用市场上出售的“醒抱灵”等药物，一旦发现母鹅抱窝时，立即服用此药，有较明显的醒抱效果。

（4）补充人工光照　开放式鹅舍的光照受自然光照的影响较大，因此，光照制度必须根据鹅群生长发育的不同阶段分别制订。

为使雏鹅均匀一致地生长发育，其光照制度为：0～7日龄提供24h的光照时间；8日龄以后则应从24h光照逐渐过渡到只利用自然光照；育成期只利用自然光照；产蛋前期种鹅临近开产时，用6周的时间每日逐渐增加人工光照时间，采取自然光照为主、人工光照为辅的方式，使种鹅的光照时间达到16～17h，并一直维持到产蛋结束。

3. 休产鹅的饲养管理

（1）整群与分群　整群就是重新组合鹅群；分群就是整群后把公母鹅分开饲养。一般情况下，当鹅群产蛋率下降到5%以下时，标志着种鹅将进入较长的休产期。每年休产时都要将伤残、患病、产蛋量低的母鹅淘汰，并按比例淘汰公鹅。同时，为了使公母鹅能顺利地在休产期后能达到最佳的体况，保证较高的受精率，以及保证活拔绒羽及其以后的管理方便，要在种鹅整群后将公母分群饲养。

（2）强制换羽　在自然条件下，母鹅从开始脱羽到新羽长齐需较长的时间且鹅群换羽和产蛋时间不整齐，有的换羽早，有的换羽迟，有的先开产，有的后开产，为了缩短换羽的时间，使换羽时间产蛋比较整齐，可采用人工强制换羽。

人工强制换羽是通过改变种鹅的饲养管理条件，促使其快速换羽。一般采用停止人工光照，停料2～3天，只提供少量的青饲料，并保证充足的饮水；第4天开始喂给由青料加糠麸、糟渣等组成的青粗饲料；第10天左右试拔主翼羽和副翼羽，如果试拔不费劲，羽根干枯，可逐根拔除，否则应隔3～5天后再拔；最后拔掉主尾羽。

在规模化饲养的条件下，鹅群的强制换羽通常与活拔绒羽结合进行，即在整群和分群结束后，采用强制换羽的方法处理1周左右，在对鹅群实施活拔绒羽。一般9周后可再次进行活拔绒羽。这样鹅群开产整齐，利于管理，更有利于提高经济效益。

（3）休产期饲养管理要点　进入休产期的种鹅应以放牧为主，将产蛋期的日粮改为育成期日粮，其目的是消耗母鹅体内的脂肪，提高鹅群耐粗饲的能力，降低饲养成本。规模化舍饲的鹅群，要采用维持期的饲养管理方法。

（4）调整鹅群年龄结构　母鹅利用年限通常为3～4年。在每年休产期间要对种鹅群进行再次选择和淘汰，每年按比例补充新的后备种鹅，重新组群，淘汰的种鹅作肉鹅肥育出售。

一般母鹅群的年龄结构为：1岁鹅占30%，2岁鹅25%，3岁鹅20%，4岁鹅15%，5岁以上鹅10%，新组配的鹅群必须按公母比例同时更换公鹅。

（四）商品仔鹅的饲养管理

育成期结束时（一般10周以后），仔鹅体重在3.0kg以上，虽然鹅的骨骼和肌肉发育比较充分，可以上市，但没有达到最高体重，膘度不够，肉质也不佳，为此在上市前应进行2周短期肥育，即开始进入鹅的育肥期，此时的鹅就称为育肥鹅。

1. 商品仔鹅育肥期的饲养管理

（1）育肥方法

①舍饲育肥法：舍饲3～4只/m^2。在北方地区育肥鹅主要是进行舍饲育肥，限制运动，喂给含有丰富碳水化合物的玉米，进行短期育肥。舍内供给充足的饮水，帮助消化。一般育肥2周即可出栏。我国南方气候温和，水源充足，把育肥鹅舍建在沟旁，进行短期育肥即可上市。

②圈养育肥法：育肥舍南墙设进出门，门外建有运动场和水池。运动场四周围栏高60cm，面积为育肥舍的2倍。运动场内设有水槽和料槽，每天饲喂3次，夜间饲喂1次。气候温暖地区可以建简易舍。为了增进鹅的食欲，在育肥期适当进行水浴和日光浴。一般水浴后10～20min可在运动场日光浴梳理羽毛，最后才赶鹅进舍休息。

③强制育肥法：强制育肥法俗话称“填鹅”，即将配制好的饲料填条，一条一条地塞进食管里，强制吞下去，再加上安静的环境，活动减少，鹅就会逐渐肥胖起来，肌肉也丰满，鲜嫩。填肥可采用手工或专门的填肥机进行。手工填肥法由人工操作，一般要两人互相配合。具体操作可参考肉鸭的填写肥技术内容。

（2）鹅不同时期青饲料添加比例

①3～10日龄：用淘洗干净并浸泡时间较长的碎米和洗净切碎的菜叶、嫩草、水草、浮萍等青绿饲料混合饲喂，精饲料和青绿饲料的比例为（8～10）：1。

②11～20日龄：以喂青绿饲料为主，精饲料与青绿饲料的比例为1：（4～8）。随着日龄的增长，雏鹅可放牧吃草。

③21～30日龄：增加青绿饲料的比例，精饲料与青绿饲料的比例为1:（9～12）。放牧饲养的，可逐渐延长放牧时间。

④4周至2月龄：鹅可以大量利用青绿饲料，以喂青绿饲料或进行放牧饲养为最适合，也是最经济的饲养方法。

⑤2月龄以上：育肥鹅增加精饲料催肥。饲料的配合比例为玉米和大麦60%、糠麸30%、豆饼8%、食盐和砂砾各1%，另加青草、碎小麦、煮熟的马铃薯和其他饲料混合饲喂。饲料中加入2%～3%骨粉或贝壳粉，有助于鹅骨骼生长，防止软腿病发生。每天喂4次，最后一次在21：00—22：00喂，并供给足够的饮水。育肥前期，精饲料与青绿饲料的比例为1:1；育肥后期，精饲料与青绿饲料比例1:4。活鹅重达3～3.5kg时即可上市。

（3）肥育程度的判断

①饲料情况：在放牧情况下，如果作物茬地面积较大，脱落的麦粒、谷粒等粮食较多时，肥育时间可适当延长；如果没有足够的放牧地或未赶上农作物收割季节，可适当缩短肥育时间，抓紧出售。在舍饲肥育条件下，主要应根据资金、饲料供给等情况确定肥育时间。

②增重速度：肥育期间仔鹅的体重增长速度反映其生长发育的快慢，同时也反映出饲养管理水平的高低。一般在肥育期间，放牧可增重0.5～1.0kg，舍饲可增重1.0～1.5kg，填饲肥育可增重1.5kg以上。增重速度与所饲养的品种、季节、饲料以及饲养管理水平等因素有密切的关系。

③肥度：膘肥的鹅全身皮下脂肪较厚，尾部丰满，胸肌厚实饱满，富含脂肪。肥度的标准主要根据鹅翼下两侧体躯皮肤及皮下组织的脂肪沉积程度来鉴定。若摸到皮下脂肪增厚，有板栗大小、结实、富有弹性的脂肪团者为上等肥度；若脂肪团疏松为中等肥度；摸不到脂肪团而且皮肤可以滑动的为下等肥度。

2. 鹅肥肝生产技术

鹅肥肝是一定时期的鹅经强制填饲育肥后产生的重量增加几倍的产品。肥肝质地细嫩，营养丰富，鲜嫩味美，味道独特，被认为是世界上上等的营养品之一。

（1）鹅种选择　以狮头鹅最为理想，狮头鹅是我国最大的鹅种，其体躯宽大，体重大，消化力强，很有利于填喂产肝；太湖鹅生产肥肝有一定潜力；溆浦鹅也是我国肥肝鹅之一。在外国鹅种中，朗德鹅、莱茵鹅、意大利鹅、吐鲁兹鹅等的产肝性能均很突出。

（2）预饲处理　预饲期的长短按品种、季节及习惯等因素而差异较大，范围在5～30天。对某个具体品种进行批量填喂之前，有必要分若干小组进行不同预饲期的对比试验，从而筛选出该品种切实可行的方案。

预饲期所用的饲料：玉米粒是添加比例最大的饲料，它在预饲期饲料中可占50%～70%，最好采用黄玉米；小麦、大麦、燕麦和稻谷等可在日粮中占一定分量，但最好不超过40%，这些谷物最好在浸泡后饲喂；豆饼（或花生饼）主要供给鹅蛋白质需要，一般可在日粮中加进15%～20%的量；鱼粉或肉粉为优质蛋白质饲料，可在日粮中添加5%～10%；青饲料是预饲期另一类主要饲料，在保证鹅摄食足量混合饲料的前提下，应供给大量适口性好的新鲜青饲料，可以不限量地供给，摄食大量青饲料能扩大鹅的食道，增加其弹性，同时供给鹅大量的维生素。为了提高食欲，增加食料量，可将青饲料与混合料分开来饲喂，青饲料每天喂2次，混合料每天喂3次。其他成分，可加骨粉3%左右、食盐0.5%、砂砾1%～2%，这三者均可直接混于精料中喂给；为了帮助消化，可加入适当的B族维生素或酵母片，也可添加多种维生素，用量是每100kg饲料加10g。

（3）填饲期饲养管理

①填喂日龄与填喂期限：填喂日龄指开始填喂的时间，填喂期限指填喂时间的长短。一般说来，鹅要等到生长结束时才开始填喂，这时的骨骼、肌肉和血液循环器官较为完善，消化吸收机能较为成熟，消化系统和体躯有一定容积，因此填喂效果较好。正式填喂日期有很大差异，如有的鹅种在70日龄左右便开填，而有的鹅种正式填喂达120～170日龄。填喂期限的长短也有较大的差异。如果在填喂前的育肥期中，每天保持喂给0.8～1.0kg的玉米，那么，12周龄幼鹅填喂期可为28～30天，20～24周龄后备鹅32～35天；一岁以上的鹅，如莱茵鹅、匈牙利鹅等35～36天，朗德鹅和杂交鹅30～32天，鹅的平均填喂期可为23～30天。

②填喂期所用的饲料：玉米是能量之王，因此，填喂的主要饲料是玉米。最好选用上一年收获的黄玉米，它使肥肝成为金黄色，而白玉米使肥肝颜色变浅。用于填喂的玉米，要先过筛，除去混杂物，接着用水浸泡6h，嫩玉米浸2～3h即可，浸时要搅拌几次，清除漂浮的杂物和空粒。浸泡后将玉米捞出，稍沥干，然后蒸煮5～10min，至玉米能剥开，质地柔软即可；也可将干玉米爆炒后用温水浸泡2～4h。熟玉米在喂前还需加进其他一些添加物，其中包括2%～3%的脂肪、0.5%～1.0%的食盐、0.01%的多种维生素，拌匀后，即可趁温热填喂。如有必要，在填喂过程中，可在饲料中添加一些土霉素和助消化药。

③填喂操作：填喂方法有多种，生产中常用搅龙式填喂机填鹅。其方法及填喂操作程序为：由助手将鹅固定，操作者先取数滴食油润滑填喂管外面，然后，用左手抓住鹅头，食指和拇指扣压在喙的基部，迫鹅开口，右手食指帮将口打开，并伸入口腔内将鹅舌头压向下方，然后两只手协作并与助手配合将鹅口移向填喂管，颈部拉直，小心将填喂管插入食道，直至膨大部。操作者右手轻轻握住鹅嘴，左手隔着鹅的皮肉握住位于膨大部的填喂管出口处，然后踏动搅龙式填鹅机的开关，饲料由管道进入食道，当左手感觉到有饲料进入时，很快地将饲料往下捋，同时使鹅头慢慢沿填喂管退出，直到饲料喂到比喉头低1～2cm时即可关机。其后，右手握住鹅颈部饲料的上方和喉头，很快将鹅嘴从填喂管取出。为了不使鹅吸气（否则会使玉米进入喉头，导致窒息），操作者应迅速用手闭住鹅嘴，并将颈部垂直地向

上提，再以左手食指和拇指将饲料往下捋3～4次。填喂时部位和流量要掌握好，饲料不能过分结实，否则易使食道破裂。

④填喂次数与时间间隔：一般说来，第1周或前5天，每天填两次即可，每天填量不宜过多，为200～300g，时间可为7：30—8：00和19：00—20：00；第2周或第6～14天每天填喂3次，250～300g，时间可为6：00—7：00，13：00—14：30和20：00—21：30；第2周过后每天可填喂4次，时间可为7：00，13：00，19：00，1：00。在安排时间间隔时，也可将白天的填喂间隔缩短些（如缩短0.5～1.0h），而晚上间隔需长一些，便于工作人员的休息。填喂次数和时间间隔还需依鹅的大小、食道的粗细、消化能力等而定。

⑤栏舍安排：整个填喂期均在舍内饲养，栏舍要求安静舒适、清洁干燥、通风良好，不要放牧放水，有时可在舍边小运动场活动、休息。如有条件，填喂舍最好用人工调节小气候，并限制鹅的活动。

⑥观察与检查：每次填喂前要检查食道膨大部，看上次填喂的饲料是否已被消化，然后灵活地掌握填喂量。平时要多注意观察群体的精神状态、活动状态以及体重、耗料、睡眠等方面情况。一旦发现呼吸极端困难、不能或很少行动、严重滞食、眼睛凹陷、嘴壳发白者，应随时屠宰。饲料基本不见消化的要停填，滞食3天以上的要屠宰。

（4）肥肝摘取

①屠宰：按计划完成整个填喂期后屠宰，屠宰前停食12h，但需供应足够的水；对于滞食的，可不需停食。屠宰前的赶、捉、关以及整个屠宰过程的所有动作都要敏捷轻谨，以免鹅体和肥肝受损。屠宰时，切断鹅的颈静脉，并将鹅头向下拉，以助血液从体躯各处向下流出；放血时间要足够，以使肝脏的血液排尽。血放净后，将鹅在70℃左右的热水中浸烫，然后拔毛；拔毛后胴体先冷却，温度为0～2℃，几小时后胴体坚实，便可开膛。

②取肝：用刀将胴体开膛从泄殖腔沿腹中线剖开，右手伸进腔内将内脏器官（肝、心、肌胃、肠道等）与腹腔和胸腔的壁分离；摘取全部内脏，再连同胆囊一起将肝脏分离出来；肝脏除去胆囊后，放在清洁的盘上，盘底部铺有油纸，连盘带肝一起移到0～2℃的冷藏室，但不能再降温至冰冻，以免肝组织改变；肝冷却2～4h后，依照技术等级进行个体分级，最后包装。

（5）肥肝分级　鹅肥肝主要从重量、新鲜度、完整性、颜色等方面进行分级。从重量方面，优质肥肝每个600～900g；一级肥肝350～599g；二级肥肝250～349g；三级肥肝150～249g；级外肥肝在150g以下。一般要求优质肥肝占15%～20%，一级肥肝占30%～40%，三级肥肝占40%～50%。重量低，即等级低的肥肝价格低很多。在外观方面，优质肝色微红，稍带灰黄，肥大，较坚实；良好肝呈灰白色，大而坚实；合格肝白色，肥大而质软；废弃肝白色，带有血斑；癌变肝苍白色，肿大而质硬，或有大小不等的癌瘤病变。

（五）鹅活拔绒羽技术

鹅羽绒具有自然脱落和再生的特征，在不影响其生产性能和健康的情况下，采用人工强制的方法，从活鹅身上直接拔取绒羽。

鹅羽毛的类型依据其外表形状不同可分为毛片、绒羽和翎羽等；按颜色可分为白色和灰色。其中，绒羽位于体表的内层，被正羽所覆盖，外表看不见。每个绒羽有一个短而细的羽基，羽基上长出一条条的绒丝，每条绒丝上又分出许多附丝，形似树枝状。绒羽起保温作用，分布在鹅体胸、腹和背部，是羽毛中价值最高部分。

活体拔取的绒羽弹性好、蓬松度高、柔软干净、色泽一致，含绒率高达22%以上。鹅活拔绒羽不仅能增加鹅业生产中羽绒的产量，而且还能提高羽绒的质量，增加饲养者的经济收入，满足国内外市场对羽绒的要求。活拔绒羽鹅主要选择健康的成年鹅，一般体型较大的鹅，如狮头鹅、溆浦鹅、皖西白鹅、四川白鹅、浙东白鹅等产绒量较好，售价也较高。由于白色羽绒比有色羽绒市场价格高，白羽鹅种更适宜拔羽。出栏上市前的肉用仔鹅或填饲前的产肝鹅，在不影响其产品质量的前提下，可以拔羽1次；留作后备的3月龄白色种鹅，产蛋配种前可进行2次拔羽；种鹅每年有5～6个月的休产期，可拔羽3次，能增产优质羽绒0.3～0.4kg。

夏秋两季，青草旺盛，是活拔绒羽的最佳时期。

二、问题探究

1. 使用烟道保温应注意哪些问题？
2. 为什么要直接从活鹅身上拔取绒羽？

三、资源链接

按规程进行鹅的饲养管理微课

种鹅的免疫与用药流程

任务实施

> **规避风险提示**
> 拔鹅绒羽时避免误伤。

一、按规程进行雏鹅饲养管理操作

配图	操作项目	操作方法
	饮水（潮口）	用饮水器或饮水槽（水深以3cm为宜）提供清洁的饮水（1～2周内饮温开水）
	开食、饲喂	开食宜用全价颗粒饲料，并加入适量切细的鲜嫩青绿饲料，撒在饲料盘中或雏鹅的身上，引诱雏鹅啄食
	环境条件（智慧养殖监控平台）	温度：1～5日龄时为28～27℃，6～10日龄时为26～25℃，11～15日龄时为24～22℃，16～20日龄时为22～20℃，21日龄以后为18℃。 湿度：0～10日龄时，相对湿度为60%～65%；11～21日龄时为65%～70%。 通风换气：氨气的浓度保持在0.01mL/m^3以下。 光照：0～7日龄24h/天；8～14日龄18h/天；15～21日龄16h/天；21日龄后自然光照。 饲养密度：1周龄15只/m^2；2周龄的20只/m^2；3周龄的25只/m^2；4周龄的30只/m^2
	适时分群	每周末用雏箱分群1次，按雏鹅体重大小和饲养密度要求进行分群

配图	操作项目	操作方法
	放牧、放水	出壳后15天左右开始放牧，选择晴好天气进行；以后渐增放牧时间，每次放牧后就可放水
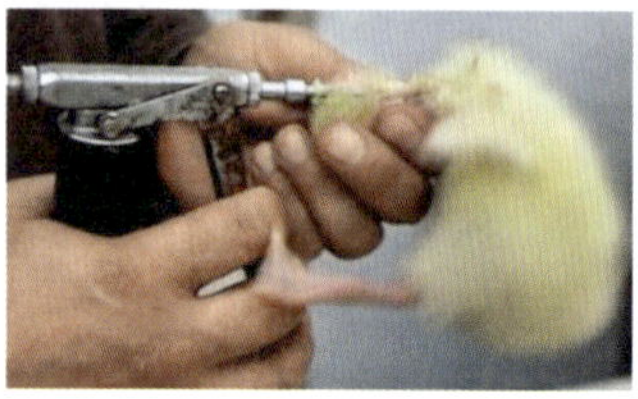	接种疫苗	预防禽流感、鹅球虫病、鹅矛形剑带绦虫病等疾病

二、按规程进行育成鹅饲养管理操作

配图	操作项目	操作方法
	育成鹅的选择	种用鹅一般经过3次选择，把体型大、生长发育良好、符合品种特征的鹅留作种用
	限制饲养	限饲方法：限量法（每天减少补饲日粮的喂量）。 实时定量饲喂：按每栏雏鹅数量计算出每次喂料量，装入料桶中，按固定时间将料桶放入栏中进行饲喂
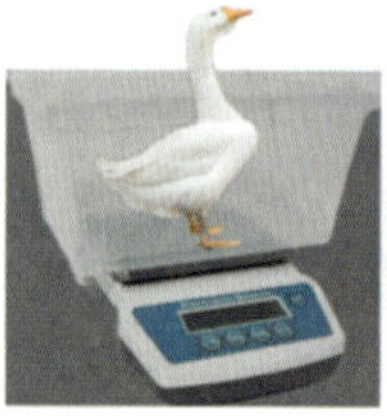 	适时开产	适时开产月龄：小型鹅约5月龄，中型鹅约6月龄，大型鹅约7月龄。 控制方法：控制体重和控制料量

配图	操作项目	操作方法
	放牧、放水	每天放牧约9h，放牧规律为5：00出牧，10时回舍休息；15：00出牧，到19：00回舍休息。放牧地尽量选择距离鹅舍较近处，不宜过远
	疾病防治	除日常消毒外，必须定期给不同阶段的鹅进行免疫接种

三、按规程进行种鹅饲养管理操作

配图	操作内容	操作方法
	补料	根据放牧条件按“先紧后松，先粗后精”饲喂原则进行补料
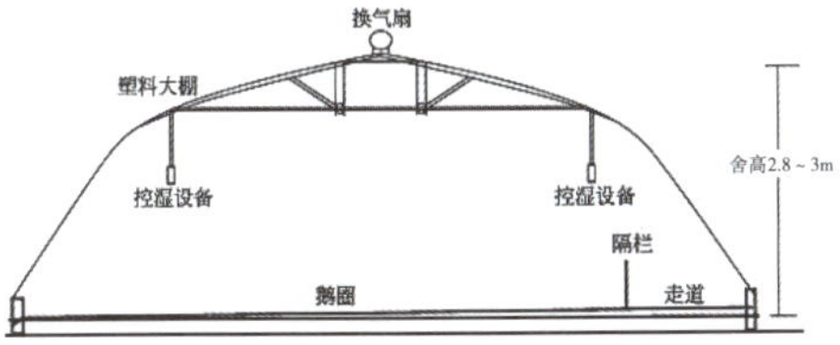	建舍	可因地制宜、因陋就简搭架临时性鹅棚，做到防雨防兽害，要求场地干燥，以防后备鹅着凉
	运动	利用运动场、放水或放牧条件保持鹅群一定的运动量
	清洁卫生	舍内及运动场地要保持清洁卫生，并定期进行消毒处理，垫草要勤换

四、按规程进行商品仔鹅饲养管理操作

配图	育肥方式	育肥方法
	舍饲育肥	限制运动，多喂玉米，供水充足
	圈养育肥	育肥舍南墙设进出门，门外有一定面积的运动场，运动场内有水槽和料槽
	强制育肥	将配制好的饲料填条，一条一条地塞进食管里，强制吞下去，再加上安静的环境，活动减少，鹅就会逐渐肥胖起来，肌肉也丰满，鲜嫩

五、活拔绒羽技术操作

配图	操作过程	操作方法
	拔羽时机选择	检查：大部分的羽绒毛根干枯，无血管毛，用手试拔羽绒容易脱落，表明羽绒已经成熟，可以进行拔羽。拔羽前1天应停止喂料供水
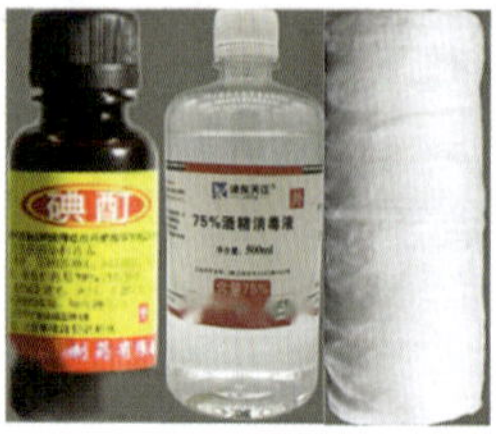	环境准备	天气：晴朗、温度适中。 地点：避风向阳、水泥地面。 准备：皮肤消毒药、药棉等

配图	操作过程	操作方法
	拔毛顺序	先从胸部开始拔，由胸到腹，从左向右。再拔体侧、腿侧和尾根的羽绒。 拔某个部位时，先拔片羽，后拔绒羽。主、副翼羽和尾羽可不拔

学业评价

“按规程进行鹅的饲养管理操作”学业考核评价表

专业班级:____________ 姓名:__________ 考核时间:____________

评价方式	考核内容		评分标准	配分	得分	备注
自我评价（15%）	必备知识	雏鹅的饲养管理	掌握雏鹅的生理特点，计1分；熟悉育雏方式，计1分；熟悉育雏条件，计1分；会进行育雏准备，计1分；掌握雏鹅饲养管理要点，计1分	5		通过平台在线进行自我评价
		育成鹅的饲养管理	掌握育成鹅的生理特点，计1分；掌握育成鹅的饲养管理要点，计2分	3		
		种鹅的饲养管理	掌握种鹅的饲养管理要点，计1分；掌握产蛋期饲养管理要点，计1分；掌握休产鹅的年龄组成结构，计1分	3		
		商品仔鹅的饲养管理	掌握商品仔鹅的营养需要，计1分；掌握商品仔鹅育肥期的饲养管理要点，计1分；了解鹅肥肝生产技术，计1分；熟悉活拔绒羽技术要点，计1分	4		
教师学业评价（50%）	任务实施	按规程进行雏鹅饲养管理操作	会给雏鹅潮口和开食，计3分；能设置智能环境控制系统，计3分；能按体重大小分群，计3分；按实际情况进行初次放牧或放水，计3分；会给雏鹅打疫苗，计3分	15		按任务达成程度进行评价
		按规程进行育成鹅饲养管理操作	能依据体型大小和生长发育情况对育成鹅进行选择，计3分；通过清点网栏中育成鹅的数量，能计算每天每栏的限饲料量，计4分；能写出小型鹅、中型鹅和大型鹅的开产月龄，计3分	10		

续表

评价方式	考核内容		评分标准	配分	得分	备注
教师学业评价（50%）	任务实施	按规程进行种鹅饲养管理操作	按“先紧后松，先粗后精”饲喂原则给种鹅补料，计3分；认识种鹅舍建筑图纸，计3分；按要求增加种鹅运动量，计3分；会给鹅舍消毒，计3分	12		按任务达成程度进行评价
		按规程进行商品仔鹅饲养管理操作	会选择商品鹅的三种肥育方式，计3分	3		
		活拔绒羽技术操作	会判断拔绒羽时间，计5分；按顺序进行活拔绒羽操作，计5分	10		
学生互评（35%）	学习过程考核	课前	参加学习资源准备，计5分；完成预习任务，计5分；参与课前讨论，计5分	15		组内互评
		课中	严格遵守课堂纪律，计2分；有秩序地实施任务，并按时完成，计3分；积极参加问题探究，计2分；善于发现并解决任务实施过程中的问题，计3分；与小组成员通力合作，有效沟通，计2分；在线抢答问题且答案正确，计3分	15		组间互评
		课后	能按要求清洁整理所用设备，计3分；及时进行学习场所的卫生清扫，计2分	5		组内互评
总计				100		—

注：90分及以上为优秀等级；75～89分为良好等级；60～74分为合格等级；60分以下为不合格。

课后拓展

○ 分组研讨园林养鹅形式，并通过学银在线传至网络平台作业栏中。

园林养鹅形式

自测练习

1. 雏鹅潮口的时间为出壳后____h；开食时间为潮口后____h。
2. 商品鹅主要有______、______和______三种肥育方式。
3. 种用鹅一般经过______次选择。
4. 鹅出壳后约______天开始放牧。
5. 活拔绒羽时，拔羽的方向应该是______羽毛生长的方向。

附录一　学情分析表

专业班级		姓名		分析时间	
课程名称		任务名称		小组人数	
你的学习目标是什么					
预习内容的信息来源					
预习中存在的问题					
对此学习任务是否有兴趣					
是否乐意参加学习活动					
对教师教学有何建议					

附录二　问题探究参考答案

问题探究参考
答案

参考文献

[1] 叶鹏，姒依萍，曹勃．任务型课程设计案例集［M］．北京：高等教育出版社，2020.

[2] 尤明珍，张玲．禽的生产与经营［M］．北京：高等教育出版社，2010.

[3] 张登辉，冯会中．畜禽生产［M］．北京：中国农业出版社，2010.

[4] 周新民，蔡长霞．家禽生产［M］．北京：中国农业出版社，2011.

[5] 赵聘，黄炎坤，徐英．家禽生产［M］．北京：中国农业大学出版社，2022.

[6] 王小芬，石浪涛．动物生产［M］．北京：中国农业大学出版社，2018.

[7] 张玲．养禽与禽病防治［M］．北京：中国农业出版社，2019.

[8] 黄国清，刘三凤．家禽生产［M］．北京：中国农业大学出版社，2023.

[9] 李嘉．动物生产［M］．武汉：华中科技大学出版社，2022.

[10] 曾振灵．肉鸡养殖减抗技术指南［M］．北京：中国农业出版社，2022.